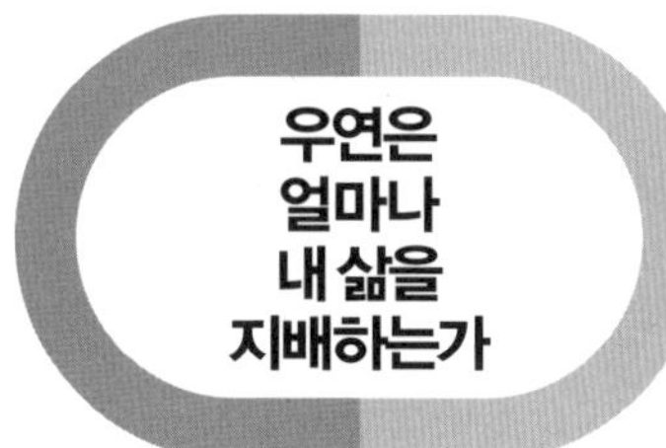
우연은
얼마나
내 삶을
지배하는가

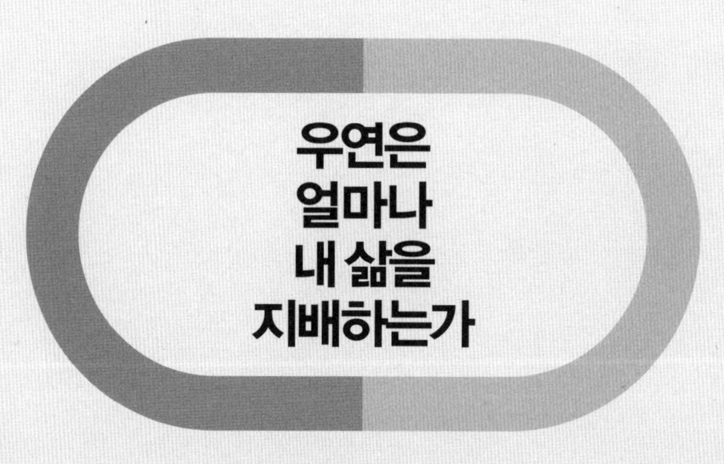

우연은 얼마나 내 삶을 지배하는가

플로리안 아이그너 지음 | 서유리 옮김

DER ZUFALL, DAS UNIVERSUM UND DU

동양북스

인간의 삶은 거대한 우연의 놀이터이다.

_ 본문 중에서

차례

삶은 거대한 행운 게임

나는 흥분에 겨워 앞에 놓인 로또 용지를 뚫어져라 보면서 두 눈을 의심했다. 정말이다! 나는 여러 개의 숫자를 거의 정확하게 맞혔다!

그렇다고 해서 내가 당첨금을 받을 수 있는 것은 아니지만 그것이 내 잘못은 아니다. 나는 정말로 아름다운 숫자들을 골랐다. 실제로 그 숫자들이 완벽하게 똑같이 나오지 않은 것은 내 잘못이라고 할 수 없다.

우연은 우리를 지배하고, 삶은 거대한 행운 게임이다. 미래를 정확하게 계획할 수 있다고 믿는 사람은 잘못 생각하고 있는 것이다. 어떤 사람은 이모할머니의 생년월일을 로또 용지에 기입했다가 부자가 된다. 또 어떤 사람은 정원에 있는 튤립 꽃밭에 물을 주다가 갑자기 운석이 떨어져 자신의 정원이 연기가 피어오르는 충돌분화구로 변하는 광경을 보게 된다. 두 사람 모두 잘한 것이나 잘못한 것은 없다. 다만 우연이 한 사람에게는 호의적이었고 다른 사람에게는 그렇지 않았던 것이다.

과학적인 관점에서 봤을 때 우연은 기이한 현상이다. 우연이 존재한다는 사실 자체에 심각하게 의구심을 갖는 사람은 없다. 하지만 거의 모든 것이 과학적으로 정확하게 설명 가능한 세상에서 우연은 무엇을 의미하는가? 로또 추첨에서 우연히 마구 뒤섞이게 되는 숫자공은 우연히 정원에 떨어지는 운석과 마찬가지로 명백하고 확실한 자연법칙을 따른다. 예측 가능한 우주에서 대체 어떻게 우연 같은 일이 일어날 수 있는 것일까?

150년 전만 해도 사람들은 우연 같은 것은 없다고 단정 지으면서 우연을 그저 환상에 불과한 것으로 치부했다. 그러나 현대 과학은 이 질문에 대해 조금은 차별화된 시각을 열어준다. 카오스 이론은 사소한 우연이 얼마나 극적인 영향을 끼칠 수 있는지 보여주고, 양자물리학은 우연이 아주 작은 입자들의 낯선 세계에서 매우 특별한 의미를 갖는다는 것을 보여준다.

이것이 다가 아니다. 우리는 다양한 과학 분야에서 우연과 행운에 대한 이야기를 들을 수 있다. 진화생물학에서 우연은 중요한 역할을 한다. 그런데 진화를 거치면서 우리의 뇌는 우연을 잘 받아들이지 못하도록 발달해왔다. 여러 가지 심리학 실험은 우리가 우연을 대할 때 느끼는 어려움을 더욱 잘 이해하는 데 도움을 준다. 그러한 실험을 통해 알 수 있는 것은 우리가 제대로 검증되지 않은 이론들을 만들어낸다는 사실이다. 우리는 실제로는 오직 우연이 지배하는 일에서 어떤 관련성을 찾을 수 있다고 믿는다. 그리고 사실은 오로지 운이 좋아서 성공한 자기 자신을 자랑스러워한다.

우연은 우리의 삶에서 중요한 부분이다. 우리가 원하든 원하지 않든 말이다. 따라서 한 번쯤 생각 여행을 떠나서 우연, 우주 그리고 우리 자신에 대해 조용히 생각해보는 시간을 갖는 것은 분명 충분히 가치 있는 일이 될 것이다.

성공은 다 운이다?

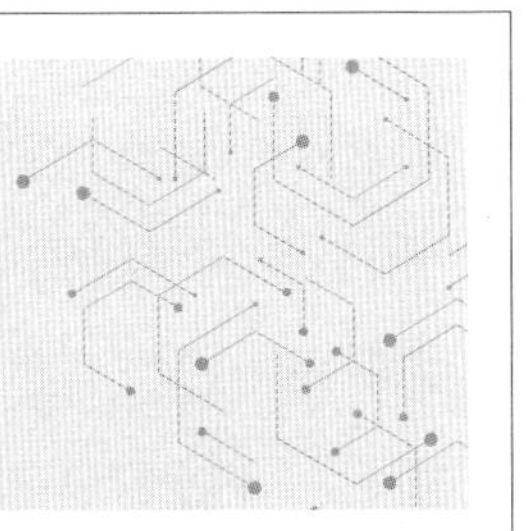

성공한 사람들의 자만, 로또 사회 그리고 격추된 비행기의 수수께끼:
대부분의 성공은 사실은 순전히 우연 덕분이다.

공정하지는 않았지만 과학에 기여한 실험이 있다. 캘리포니아대 버클리 캠퍼스에 재직 중인 심리학자이자 사회연구자인 폴 피프(Paul Piff) 교수는 100팀이 참가하는 모노폴리 게임을 개최했는데, 이 게임에는 이상한 규칙이 적용되었다. 두 명의 실험 참가자가 한 팀이 되어 게임을 하게 되었는데 누가 승리를 거둘지는 처음부터 정해져 있었다. 팀마다 부유한 참가자와 가난한 참가자가 정해져 있었기 때문이다. 부유한 참가자는 가난한 참가자보다 두 배로 많은 돈을 가지고 게임을 시작했으며, 경기 중에도 상대방보다 두 배로 많은 보너스를 받았다. 게임 참가자들의 운명은 순전히 우연에 따라 정해졌다. 게임을 시작하기 전에 동전을 던져서 유리한 참가자와 불리한 참가자를 정했다.

두 참가자 모두 게임이 불공평하다는 것을 물론 알고 있었다. 참가자들은 의아해했지만 이상한 규칙을 받아들이고 게임을 시작했다. 하지만 그들은 폴 피프가 게임 장면을 숨겨진 카메라로 촬영하고 나중에 연구팀과 함께 자세하게 분석한다는 사실은 모르고 있었다. 관찰 결과 놀라운 사실이 발견되었다. 부유한 참가자들은 게임이 진행될수록 점점 더 잘난 척하며 무례해졌고 자신의 부를 과시했으며 가난한 상대방을 놀려대기 시작했다. 탁자 위에는 과자가 담긴 그릇이 놓여 있었는데 부유한 참가자들은 마치 자기들 것인 양 가난한 참가자들보다 훨씬 더 자주 그리고 당당하게 과자를 집어먹었다.

게임이 끝난 후 연구팀은 참가자들에게 게임에 대한 질문을 던졌다. 모두들 동전 던지기를 통해 처음부터 누가 이길지 정해져 있었다는 사실을 분명히 알고 있었음에도 불구하고, 부유한 참가자들은 승리 요인이 자신의 현명한 판단력과 훌륭한 게임 전략 때문이었다고 말했다. 그들은 순전히 우연 때문이 아니라 마치 자신의 뛰어난 능력 때문에 승리를 거둔 것처럼 의기양양했다.

로또에 당첨돼서 백만장자가 된 사람이 자신이 로또에 당첨된 것은 운과는 전혀 상관없는 일이며 로또 번호를 표기하는 데 탁월한 능력이 있어서라고 말한다면, 우리는 모두 그 사람을 비웃을 것이다. 그러나 이런 오류는 어이없을 정도로 자주 볼 수 있다. 우리는 행복한 우연과 자신의 성취를 혼동한다. 승리를 거둔 축구 선수는 오늘 자기 팀의 정신력이 상대 팀보다 더 강했다고 말한다. 경기 28분에 상대 팀 골이 골대를 맞고 튕겨 나가는 행운이 없었다면 경기 결과는 완전히 달라졌을 것이라는 사실은 까맣게 잊는다. 신입 매니저는 입사 시험에서 100대 1의 경쟁률을 뚫고 합격한 것을 매우 자랑스럽게 여긴다. 하지만 자신의 직업적 성공이 우연히도 자기 아버지가 그 회사 임원과 동창이라는 사실과 관련되어 있다는 것은 굳이 언급하지 않는다. 부유한 가정에서 태어나고, 치명적인 질병에 걸리지 않고, 적절한 때에 좋은 사람들을 만나는 행운을 누리게 되면 우리는 이를 지극히 당연하게 여기고 별로 대수롭지 않게 생각한다.

물론 모든 성공이 단지 우연 때문이라고 단언할 수는 없다. 우리는 누구나 노력, 지식 그리고 근면성이 중요한 역할을 한다는 것을 잘 알고 있다. 이 때문에 우리는 가장 성공한 사람들이 필연적으로 가장 노력을 많이 하고 가장 똑똑하고 가장 부지런한 사람들이라고 생각하게 되는데, 바로 이것이 잘못된 결론이다. 이러한 특성으로 인해 성공할 수 있는 가능성은 높아지겠지만 그럼에도 불구하고 멍청하고 게으르고 사회성 낮은 사람이 승진하고, 반면에 똑똑하고 부지런하고 착한 사람은 실직을 당하는 경우가 있다. 이렇듯 우연은 언제나 중요한 역할을 한다.

경험이 많은 포커 게임 참가자가 평소에 초보자보다 현저히 높은 승률을 보인다고 해도 포커 게임을 하는 날 저녁 내내 안 좋은 카드를 받게 되면 돈을 잃고 집으로 돌아갈 수밖에 없다. 이상하게도 우리는 직장생활이나 경제활동에서의 성공이 우리 손에 달렸다고 스스로에게 주입하는 경향이 있다. 우리는 능력주의 사회에 살고 있기 때문에 탁월한 아이디어, 근면 성실하게 일하는 것 그리고 열심히 노력하고 공부하는 것이 성공으로 나타나야 한다! 열심히 노력한 사람은 행운이 도와준다. 운이 좋은 사람은 이렇게 말하면서 자신이 열심히 노력했다고 생각한다.

그런데 실제로 직업적인 성공은 포커 게임의 경우와 똑같다. 우리는 수완, 지능 그리고 노력을 통해 우리에게 주어진 상황에서 항상 최선을 다하려고 애써야 한다. 하지만 우연이 우리 편이 되어주지 않으면 우리는 이기지 못한다. 어떤 회사의 성공이 우연인지 경영진의 능력 때문인지 일일이 검증할 방법은 거의 없다. 미국의 경영연구가인 마커스 피차(Markus Fitza)는 이에 대한 통계학적 대답을 찾는 연구를 실시했다. 그는 약 1,500개 회사를 대상으로 1993년부터 2012년 사이의 경영 자료를 분석했다. 특별히 고안한 수학적 방법을 통해 회사의 성공이 경영진의 능력 때문이었는지 아니면 우연이었는지 측정할 수 있었다. 그는 능력과 우연 둘 다 중요한 역할을 하지만 그래도 우연이 더 큰 비중을 차지한다는 결론을 얻었다.[1]

경제활동은 어떤 부분에서는 생물학적 진화와 비교할 수 있다. 우연이 지배하는 복잡한 환경에서 경쟁자에 맞서 이겨야 한다. 진화에서는 유용한 유전자가 장기적으로 살아남고 경제에서는 유용한 상품과 아이디어가 살아남는다. 하지만 엄청나게 좋은 유전적 특징을 가진 동물이 때로는 태어나자마자 우연히 다른 동물에게 잡아먹히는 것처럼 아주 탁월한 능력을 가진 신생 기업이 우연히 사라져버릴 수도 있다. 어쩌면 그 동물과 비슷한 유전자를 가진 자매가 나중에 많은 자식을 낳을 수도 있다. 그리고 비슷한 사업 아이디어를 가진 다른 회사가 나중에 창립자를 부유하게 만들어줄 수도 있다. 역사 연대표를 보면 논리적으로 설명 가능한 구조를 발견할 수 있을지 몰라도 각 개인의 관점에서 보면 성공과 실패는 상당히 우연한 사건들이다.

성공에 대한 조언이 쓸데없는 이유

어떤 사람들은 우연히 편안한 자리를 차지하고는 어떻게 하면 성공할 수 있는지를 세상에 알릴 만한 자격이 있다고 느낀다. 최악의 경우 성공에 관한 자기계발서를 집필하기도 한다.

서점에 가보면 전혀 쓸데없는 인생 조언이 담긴 책들이 무서울 정도로 많이 쌓여 있어서 진짜 좋은 책을 찾을 수 없게 시야를 가려버린다. 그런 책들은 독자들의 뇌를 한없이 가볍고 부풀려진 글로 채워주고 그럴듯한 말로 현혹하지만 실제로 도움이 되는 내용은 없다. 성공에 관한 보잘것없고 고리타분한 조언들을 준답시고 소중한 종이만 낭비하는 꼴이다. '110퍼센트 노력하라! 당신의 장점에 집중하라! 당신 자신을 믿으라!'

이것으로도 모자라 성공하는 법을 알려준다는 작가들은 호텔에서 세미나를 개최하여 승진을 못 한 이유가 궁금한 청중들을 상대로 허무맹랑한 얘기를 떠들어대고는 돈까지 받아 챙긴다. 청중들은 마치 착실한 학생처럼 모두 똑같은 내용을 열심히 받아 적는다. '다른 사람들과 달라야 한다! 익숙하지 않은 것에 과감히 도전하라! 자기만의 길을 찾으라!'

정말 쓸데없기 짝이 없는 내용들이다. 그렇다고 이런 자기계발서를 쓴 작가들이 거짓말을 하는 것은 아니다. 그럴듯해 보이지만 부질없는 그들의 콘셉트는 그들이 실제로 성공할 수 있었던 삶의 전략이다. 다만 똑같은 생각, 똑같은 지식을 가지고 똑같이 최선의 노력을 다했음에도 불구하고 엄청난 실패를 경험한 사람도 많다는 것이다. 실패한 사람들에게는 전략이 뭐냐고 물어보는 사람이 아무도 없을 뿐이다. 그들은 동기부여에 관한 강의를 하지 않으며 성공에 관한 조언을 담은 책을 쓰지 않는다.

무언가를 해내고 성공한 사람들에게만 집중하다 보면 잘못된 결론을 내리게 된다. 이런 현상을 '생존자 편향(survivor bias)'이라고 하는데 다양한 사례가 있다. 이 개념의 유래는 2차 세계대전 당시 영국 비행기 엔지니어들로 거슬러 올라간다. 그들은 전투기 투입 후에 귀환한 전투기들을 조사하다가 총탄 자국이 골고루 분포되어 있지 않다는 사실을 발견했다. 비행기 몸체의 특정한 부분들이 적군의 공격을 훨씬 더 집중적으로 받은 듯 보였다. 따라서 비행기 몸체 중 총탄을 집중적으로 맞은 부분들을 더욱 보강해야 한다는 의견이 나왔다.

그러나 통계학자였던 아브라함 왈드(Abraham Wald)는 이것이 멍청한 결정임을 알아차렸다. 전투기에 난 총탄 자국은 전투기가 무사히 귀환하는 데 아무런 영향을 끼치지 않았고 오히려 격추되어 군 기지로 귀환하지 못한 전투기들이 중요한 부분에 총탄을 맞아서 치명적인 손상을 입었을 거라 추측했던 것이다. 따라서 왈드는 귀환한 전투기들 중에서 오히려 탄환 흔적이 없었던 부분들을 더욱 보강해야 한다고 주장했고 그의 주장은 전적으로 옳았다. 우연이 지배하는 삶에서 운이 좋은 승리자들에게만 집중하는 것은 영리한 전략이 아니다. 세계가 어떻게 돌아가는지 이해하기 위해서는 실패자들의 운명도 주시해야 한다.

105세가 된 나무꾼은 자신의 건강 비결로 숲에서 운동을 많이 하고 코담배를 흡입하는 것을 꼽겠지만 그의 동년배 중에는 똑같은 생활 방식을 고수했음에도 이미 수십 년 전에 사망한 사람이 부지기수일 것이다. 다른 사람들이 평생 동안 벌어도 다

못 버는 돈을 단 하루의 촬영으로 벌어들이는 유명한 할리우드 배우가 있는 반면, 비슷한 연기 재능과 비슷하게 잡지 표지를 장식할 만한 외모를 지녔어도 갈라쇼 맨 앞줄에 앉지 못하고 배우가 되고자 했던 꿈에 실패한 후 공연장 입구에서 입장권을 검사하고 있는 사람들이 너무나 많다. 천재적인 경제 감각으로 주식펀드에서 놀라울 정도의 수익을 거둬들이는 월스트리트 거물이 있으면, 비슷한 경제 감각을 지녔음에도 불구하고 주식펀드의 실적이 기대에 훨씬 못 미치는 동료들이 셀 수 없이 많은 것이다.

생존자 편향은 심지어 기이하고 역설적인 효과를 불러일으키기도 한다. 극단적인 경우 지능과 선견지명이 정말 큰 성공을 거둘 수 있는 기회를 높이는 것이 아니라 오히려 감소시킨다. 영리한 사람은 어떤 결정에 따르는 위험과 유익을 아주 신중하게 따져본다. 어떤 대담한 아이디어로 극히 많은 이익이나 극히 많은 손실을 볼 가능성이 있을 경우 우리는 일반적으로 위험이 적은 다른 전략을 선호한다. 적어도 평균적으로 기대할 수 있는 이익이 비슷하다면 말이다. 이를 위험회피라 부른다. 이런 이유 때문에 교사, 도서관 사서 또는 세무사가 되고 싶어 하는 사람은 비교적 많은 반면 세계 최초로 두 개의 고층 건물을 연결한 밧줄을 전기톱을 들고 건너는 것에 가치를 두는 사람은 극히 드문 것이다.

하지만 위험 예측에 상당히 서툰 사람이라면 실수로 번번이 극히 위험성이 높은 전략을 선택할 수도 있다. 그런 사람은 애널리스트들이 모두 위험하다고 평가하는 주식을 산다. 한 번도 직접 보지 못한 집을 낙찰받기 위해 빚을 진다. 그리고 밤늦게 술집에서 알게 된 만취한 사람의 정신 나간 사업 아이디어에 자신이 저축한 돈을 전부 투자한다.

이렇게 행동하는 사람이라면 언젠가 엄청난 실패를 겪더라도 의아해할 필요가 없다. 이렇듯 위험을 즐기는 사람들은 대부분 실패를 하지만 이런 사람들이 충분히 많으면 어쩌면 그중 한 명 정도는 우연히 성공을 거둘 것이다. 평균적으로 봤을 때 이렇게 위험을 즐기는 사람들은 신중하고 이성적인 사람들에 비해 실패할 확률이 높다. 그러나 극단적인 위험을 통해서만 극단적인 성공을 거둘 수 있는 세계에서는 가장 성공을 거둔 사람들 중에 위험을 즐기는 사람들이 상당수 포진해 있다. 이런 사람들을 축하해주되 반드시 그들에게 인생의 조언을 구할 필요는 없다. 그리고 이런 사람들이 자기 과신에 빠져 정치인 후보자로 나올 경우 절대로 뽑지 말아야 한다.

돈 대신 기회에 투자하는 로또 사회

우리가 어떤 직업을 선택하느냐에 따라 우연이 우리의 삶에 미치는 영향이 조금씩 다르다. 어떤 직업들은 위험 부담이 상당히 낮다. 공립학교에 근무하는 교사는 잘 정리된 도표를 보고 내일, 10년 후 그리고 근무 마지막 날에 어느 정도의 월급을 받을 수 있을지 확실하게 알 수 있다. 그의 미래는 상당히 예측 가능하지만 대신에 엄청난 성공을 거둘 수 있는 기회는 거의 없다. 아무리 이 세상 최고의 교사라고 해도, 수업에서 믿기 힘들 만큼 뛰어난 성과를 발휘해도, 그리고 못 말리는 문제아들을 훌륭한 지식인으로 성장시킨다고 해도 그는 세계적인 슈퍼스타가 될 수 없으며 벽에 그의 포스터가 걸리지 않을 것이고, 아침마다 학교 정문 앞에 그의 사인을 받겠다는 팬들이 구름 떼처럼 몰려오지 않을 것이다.

예술가나 운동선수의 경우에는 완전히 다르다. 수많은 젊은이들은 프로 축구 선수, 세계적인 영화배우 또는 음악계의 스타가 되기를 꿈꾼다. 이러한 직업의 길로 들어서는 사람은 엄청난 모험을 감행하는 것이다. 로또 게임을 할 때와 마찬가지로 성공할 수 있는 기회는 아주 낮지만 일단 성공을 하면 막대한 이익이 따라온다. 이런 슈퍼스타 업계에서 정상에 오르는 소수의 사람들은 부자가 되고 유명해진다. 하지만 이렇게 운이 좋은 승자에 속하지 못하는 사람들은 상당히 힘들게 살아가는 경우가 많다. 소설을 썼지만 출판하지 못한 작가, 얼마 못 가서 성대가 망가진 오페라 가수, 그리고 세계 정상권의 선수가 되기에는 항상 결정적인 몇 초가 뒤지는 중거리 달리기 선수의 직업적인 미래는 그리 밝아 보이지 않는다.

비슷하게 뛰어난 재능을 가지고 있는 수많은 사람들이 같은 목표를 향해 열심히 노력하며 달려가지만 결국에는 그중 소수만이 노력에 대한 대가를 받게 된다. 하지만 성공할 수 있다는 막연한 가능성만으로도 많은 사람들에게 충분한 동기부여가 되는 모양이다. 이렇게 위험 부담이 높은 직업의 길을 선택하는 사람은 어떤 의미에서 보면 돈을 지불받는 것이 아니라 돈을 벌 수 있는 기회를 지불받는 것이다. 마치 보수를 로또 용지로 지불받고 있는 것과 같다고 볼 수 있다.

어떤 사람들은 이것이 공정하다고 말할 수 있다. 로또 용지도 나름의 가치가 있기 때문이다. 확신에 찬 통계 애호가라면 기댓값을 산출해낸 후 이를 바탕으로 여러 가능성을 판단할 것이다. 확실하게 1,000유로를 받는 것과 100만 유로를 받을 수 있는 가능성이 10분의 1퍼센트인 것 중에서 무엇이 더 좋을까? 냉정하게 본다면 기댓값은 똑같기 때문에 둘 다 마찬가지라고 주장할 수도 있을 것이다. 하지만 우리 인간은 그렇게 작동하는 존재가 아니다. 동일한 기댓값이라고 해서 우리에게 동일한 효용을 의미하지는 않기 때문이다. 우리의 사장님이 연봉을 행운 게임으로 대체해서 지급하겠다는 제안을 했다고 가정해보자. 우리는 연봉의 10배를 받을 가능성이 10퍼센트지만 만약 질 경우 1년 내내 한 푼도 못 받고 일을 해야 한다. 이런 제안을 받아들일 사람이 과연 있을까?

그러나 우려스럽게도 사람들에게 돈이 아닌 돈에 대한 기회를 지불하는 전략이 점점 더 널리 행해지고 있는 듯 보인다. 수많은 젊은이들이 수년 동안 보잘것없는 돈을 받고 인턴 생활을 한다. 인턴 생활을 하면 제대로 된 좋은 직장에 취직할 수 있는 기회가 높아질 것이라는 막연한 기대 때문이다. 이런 현상을 조직범죄에서도 관찰할 수 있다는 사실을 시카고의 연구 프로젝트가 밝혀냈다. 놀라울 정도로 많은 마약 거래상들이 여전히 부모의 집에 얹혀살고 있다. 위험 부담이 높은 그들의 직업은 거의 돈이 되지 않기 때문이다. 그들은 막강한 부를 가진 마약 보스가 될 수 있다는 꿈을 위해 일하고 있는 것이다. 과학계도 비슷하다. 열정적인 차세대 과학자들이 대학교수가 되겠다는 꿈을 품고 밤늦게까지 연구실에서 연구에 몰두한다. 그들은 모두 그렇게 될 수 있는 기회가 낮다는 것을 알고 있다. 하지만 성공에 대한 가능성만 보고 열심히 일하는 것으로 만족한다.

이것이 공정한지 아닌지는 각자 스스로 판단해야지 숫자와 공식으로 계산할 수 있는 문제가 아니다. 그렇지만 최고의 축구 경기를 보기 위해서는 잔디 위에서 공 하나를 가지고 싸우는 높은 연봉을 받는 스물두 명의 톱스타 축구 선수만 필요한 것이 아니다. 아마추어 협회, 후진을 양성하는 코치 그리고 축구 경기 입장권을 파는 사람까지 포함하는 전체 시스템이 필요하다. 시골 학교에서 아이들이 귀가 아프게 긁는 소리를 내며 바이올린 켜는 것을 인내하며 들어주는 음악 선생님 없이는 세계적인 오케스트라도 존재할 수 없다. 곰팡이 냄새가 나는 지하 극장에서 몇 명 안 되는 관객을 앞에 두고 연기하는 연극배우들 없이는 화려한 세계적인 연극을 생각할 수 없다. 이런 이유 때문에라도 가장 성공한 사람들에게만 대가가 돌아가는 것이 아니라 다른 사람들에게도 골고루 돌아가도록 배려해야 한다. 전체 시스템은 그들에게 달렸고 그들이 없었다면 톱스타들이 톱스타가 되지 못했을 것이다. 우리 사회는 순전히 우연한 기회의 대가를 받기 위해 일을 하는 로또 사회가 되어서는 안 된다. 우리 모두의 인생은 한 번뿐이다. 그렇기 때문에 우연에 너무 많은 권력을 위임하는 것은 도덕적으로 문제가 된다.

우연이 우리 편이 아니었을 뿐

우연의 의미를 무시하고 오직 개인의 노력만이 성공과 실패의 차이를 만든다고 사람들에게 주입하면, 자기 자신을 자격 없는 실패자로 여기는 우울한 패배자들과 자신은 우월한 사람이며 계속해서 성공을 거두는 것이 당연하다고 여기는 오만한 승리자들의 세계가 될 것이다. 사회적 화합과 실패한 사람들에 대한 도움은 그러한 사회 개념에서는 필요치 않다. 누구나 자신이 받아 마땅한 것을 받게 되었다고 여기기 때문이다. 주어진 것에 만족하지 못하는 사람은 더 열심히 노력했어야 했고, 노력했다면 성공했을 것이다. 빵이 없는 사람은 노력을 해야 하고 케이크를 꿈꿔야 한다.

이렇게 각 개인의 노력을 강조하는 신화는 오늘날 종교적 신념과 같이 우리들의 머릿속에 뿌리를 내렸다. 지금까지 항상 그랬던 것은 아니다. 고대 그리스 신화에서는 운명이라는 권력이 중요한 역할을 했다. 오이디푸스가 어느 날 자신의 아버지를 살해하고 어머니와 결혼할 것이라는 예언이 있으면 반드시 그렇게 됐다. 불쌍한 오이디푸스는 이에 전혀 대항할 수 없으며 굳게 결심을 하거나 값비싼 동기부여 훈련을 받는다고 해도 바뀌는 것은 아무것도 없다. 오이디푸스는 야유를 받아야 하는 것이 아니라 오히려 동정을 받아야 한다. 그는 아무 잘못이 없고 악의적인 결정을 내린 적이 없다. 그럼에도 불구하고 그리스 신화의 비극적인 결말은 7층 건물에서 뛰어내리면 바닥으로 떨어지는 것과 마찬가지로 불가피한 것이다.

기독교에서는 조금 더 여지를 둔다. 상을 주거나 벌을 주는 하느님이 특정한 규칙을 제시하면 적어도 그 규칙을 따를지 여부는 자유롭게 결정할 수 있다. 요하네스 칼뱅과 같은 신교도들은 하느님이 각 사람의 운명을 처음부터 정해놓았다는 견해를 갖고 있었다. 하느님은 규칙을 제시했을 뿐만 아니라 우리가 그 규칙을 따를지 여부도 이미 정해놓았고, 우리는 결국 미리 정해진 잘못 때문에 벌을 받게 된다.

이는 그리 달갑게 들리지 않는다. 우리는 오이디푸스 왕과 마찬가지로 제한된 결정 기회를 가지고 미리 결정된 인생길을 비틀거리며 걸어가는 것이다. 그럼에도 불구하고 기이하게도 칼뱅의 생각은 오늘날 노력 이데올로기의 뿌리 중 하나로 볼 수 있다. 칼뱅의 이론에 따르면 우리의 세속적 · 물질적 성공은 하느님이 우리를 선택했다는 암시이기 때문이다. 게다가 부자인 사람은 천국에까지 갈 수 있다. 따라서 자신이 하느님으로부터 고귀한 선택을 받은 사람이라는 것을 모두에게 보여주기 위해 노력하는 데 더 큰 동기부여가 되는 것이다.

계몽주의 이후 운명과 하느님의 섭리는 의미를 잃어가고 있다. 우리는 자신의 삶을 손에 쥐고 있는 자유로운 존재로 스스로를 인식한다. 그러는 것이 좋기도 하다. 하지만 이러한 세계관에 우연의 자리를 허용하지 않으면 우리가 가지고 있지 않은 힘을 가지고 있다고 스스로 기만하는 것이다. 우리는 마치 엄청난 속도로 달리는 자동차 안에서 모든 것을 통제하고 있다고 생각하는 운전자와 같이 행동한다. 우연히 타이어에 펑크가 나기 전까지는 말이다.

우리는 우연이라는 것이 존재하며 그것이 우리의 삶을 언제든지 새로운 방향으로 휘몰아 갈 수 있다는 사실을 받아들여야 한다. 이것은 우리가 실패를 조금 더 편안하고 너그럽게 대할 줄 알아야 한다는 의미이기도 하다. 어떤 의미에서 보면 우연은 변덕스러운 예측 불가능성 때문에 이미 처음부터 모든 것이 정해져 있는 그리스 비극의 운명이나 하느님의 결정과는 반대다. 그렇지만 우리의 심리에는 비슷하면서도 아주 위로가 되는 기능을 하기도 한다. 어떤 일이 잘못된 것이 반드시 우리 탓은 아니다. 주식에 잘못 투자해서 모아놓았던 돈을 다 날렸을 때, 중고차를 구입했는데 겨우 1,000킬로미터를 달리고 나서 검은 연기를 내뿜으며 퍼져버렸을 때, 그토록 바라던 승진에서 탈락했는데 나 대신에 옆 사무실에 근무하는 무능력한 동료가 임원으로 승진했을 때 내가 잘못해서 그렇게 된 것이 아니라 그저 운이 안 좋았던 것일 수 있다. 어쩌면 우리는 행동을 통해 이런 짜증 나는 일이 발생할 위험을 줄일 수는 있었겠지만 적어도 그에 대한 책임을 전적으로 질 필요는 없다. 우연이 우리 편이 아니었을 뿐이다.

무지(無知)의 장막

우연이 좋은 것과 나쁜 것을 상당히 불공평하게 사람들에게 분배하는 것은 부분적으로 보완할 수 있다. 보험, 사회복지 시스템 그리고 국가 보건 제도는 바로 이런 이유로 만들어졌다. 우리 모두는 조금씩 돈을 내서 우연이 우리를 심하게 강타했을 때 도움을 받을 수 있다. 하지만 어떻게 하면 이런 사회적인 규정들을 가장 잘 합의해서 만들어낼 수 있을까? 출신지, 피부색 또는 성별과 같은 우연적 요소와 상관없이 모든 사람에게 행복에 대한 똑같은 기회를 보장하는 법은 가능한 것일까? 가능하다. 적어도 사고실험(思考實驗)에서는 말이다.

우리가 함께 살아가는 규칙들을 완전히 새롭게 만든다고 상상해보자. 조세제도와 교육, 보건에서 상속권에 이르기까지 모든 규정과 법 조항들을 새롭게 정하는 것이다. 그리고 우리는 새로운 규칙들이 만들어진 사회에서 살아야 한다. 하지만 우리의 특별한 재능, 은행 계좌의 잔고, 유산을 물려줄 고모, 바닷가에 있는 주말 별장을 가진 우리가 아니라 무작위로 뽑아서 결정된 임의의 사람으로서 살아가야 한다. 새로운 법칙들을 정할 때 우리는 내전을 피해 도망친 난민이 될지 아니면 병원 원장의 역할을 담당할지, 힘겨운 정신적 트라우마에 맞서 싸우는 중일지 아니면 장대높이뛰기에서 올림픽 금메달을 따기 직전일지 전혀 알 수 없다. 우리가 이런 가정적 상황에서 고안해내는 법칙들이 아마도 우리가 현재 가지고 있는 법칙들보다 훨씬 공정할 것이다.

미국의 철학자인 존 롤스(John Rawls)는 자신이 주장한 정의론에서 이런 생각을 설명했다. 롤스는 우리가 우리의 특성과 능력과 사회적 지위 그리고 물질적 소유에 '무지의 장막'을 드리울 수 있어야만 공정한 사회시스템을 만들 수 있다고 주장했다.[2] 물론 이런 사고실험을 실행에 옮길 수는 없다. 사람들에게 마약을 처방해서 그들이 누구인지, 어디에서 왔는지 망각하게 만들 수는 있을 것이다. 하지만 그런 상태에서 신뢰할 만한 새로운 세계 질서를 협상해낼 리는 만무하기 때문에 별다른 도움이 되지 않을 것이다.

그렇지만 무지의 장막은 때로는 도덕적인 나침반으로서 아주 유용할 수 있다. 우리가 다른 편에 속할 가능성이 전혀 없을 경우 우리는 다른 편에 속한 사람들로부터 무언가를 빼앗을 수 있는 논거를 쉽게 찾아낸다. 어떤 사람은 다른 사람들이 열심히 일해서 번 돈을 뜯어 간다며 사회복지 혜택을 받는 사람들을 게으르다고 비난하고, 또 어떤 사람은 백만장자들의 재산에 막대한 세금을 매겨서 국고로 환수해야 한다고 주장한다. 어떤 규칙이 나중에 우리에게 해당될지 모르는 상태에서 사회복지 혜택 또는 백만장자들의 세금과 관련해 우리는 어떤 규정들을 생각해낼까? 만약 커다란 룰렛 휠을 돌려서 우리가 난민 그룹에 속할지 아니면 난민 수용국의 국민에 속할지 우연히 결정된다면 우리는 쏟아져 나오는 난민 행렬에 대해 어떤 대책이 마련되기를 원할까?

신비한 이야기 그리고 우연

자두 푸딩, 실험을 망치는 이론물리학자 그리고 음흉한 살인자 같은 우연:
우리가 우연을 쉽게 알아차리지 못하는 이유.

"정말 이런 우연이!" 하고 에밀 데샹은 생각했다. 그는 파리에 있는 레스토랑에 갔다가 메뉴판에 자두 푸딩이 있는 것을 발견하고 매우 기뻐했다. 어렸을 때 잘 모르는 드 퐁기뷔 씨라는 남자에게 자두 푸딩을 대접받아 맛있게 먹은 기억이 있었다. 데샹은 그 이후에 그런 자두 푸딩을 어디에서도 맛본 적이 없었다.

그러나 웨이터를 불러 푸딩을 주문한 그는 마지막으로 남은 푸딩을 다른 손님이 방금 전에 주문해서 먹고 있다는 사실을 알게 된다. 우연히도 같은 레스토랑에서 식사를 하던 예전의 그 드 퐁기뷔 씨가 먹고 있었던 것이다.

이런 이상한 우연은 쉽게 잊히지 않는 법이라 데샹은 몇 년 후 친구 집에서 자두 푸딩을 대접받게 되었을 때 또다시 드 퐁기뷔 씨를 떠올렸다. "이제 드 퐁기뷔 씨만 나타나면 되겠군" 하고 그는 생각했다.

바로 그 순간 문이 열리더니 당황한 모습의 나이 지긋한 남자가 안으로 들어왔다. 주소를 헷갈려 집을 잘못 찾아온 드 퐁기뷔 씨였다.

세 번의 자두 푸딩 모두 드 퐁기뷔 씨와 관련되어 있었다. 이렇게 잦은 우연은 우연일 리가 없다! 어쨌든 심리분석가인 칼 구스타프 융(Carl Gustav Jung)은 특정한 일들이 비밀스러운 방법으로 서로 연결되어 있을 수 있다고 확신했다. 그는 자두 푸딩 이야기를 예로 들어 '동시성', 즉 신비한 방식으로 서로 연관된 사건들을 설명했다. 융은 그저 단순한 우연만으로는 이런 기이한 일들을 설명할 수 없다고 보았다.

신비한 이야기는 어떻게 생겨나는가

융은 이 주제에 대해 조금은 독특한 물리학자인 볼프강 파울리(Wolfgang Pauli)와도 토론을 벌인 적이 있었다. 물리학자들 가운데는 서로 다른 문화를 가진 두 부류의 물리학자들이 존재한다. 바로 이론물리학자와 실험물리학자이다. 이론물리학자들은 실험물리학자들이 복잡한 방정식을 다룰 줄 모른다고 생각하면서 우월감을 느낀다. 반면에 실험물리학자들은 이론물리학자들이 복잡한 기술을 다룰 줄 모른다고 여기면서 우월감을 느낀다. 양쪽 모두 자신들이 본질적으로 진정한 과학자라고 생각하며 상대방에 대해 농담하기를 즐긴다. 양쪽 모두에 조예가 깊은 물리학자들도 드물게 있기는 하지만 볼프강 파울리는 그렇지 않았다. 파울리는 의심의 여지가 없는 이론물리학자였다. 그는 학창 시절부터 수학적 재능을 발휘하여 눈에 띄는 학생이었으나 실험을 하는 것은 그의 강점이 아니었다.

항간에는 파울리가 등장하기만 하면 물리학 실험 장비들이 고장 난다는 얘기가 떠돌았다. 그가 실험실에 나타나 돌아다니기만 해도 진행 중이던 모든 실험은 그것으로 끝이었다. 그는 원자 내에서 두 개의 전자는 동일한 양자 상태에 있을 수 없다는 '파울리의 원리'를 발견한 공로로 1945년에 노벨상을 수상했다. 파울리는 이 원칙을 바탕으로 원자의 구성을 설명했다. 이에 빗대어 사람들은 '파울리 효과'라는 개념을 만들어냈다. 파울리와 잘 작동하는 기계는 같은 공간에 존재할 수 없다는 것이었다. 물론 농담 삼아 하는 말이었지만 파울리 자신조차도 이것이 실제로 나타나는 효과라고 믿었다고 한다. 즉 그는 융의 표현을 빌리자면 '동시성'에 대한 확신을 갖고 있었던 셈이다.

물리학자인 오토 슈테른(Otto Stern)은 자신의 연구실에서 진행되는 실험들을 보호하기 위해 파울리에게 출입 금지를 선언하기까지 했다. 파울리가 프린스턴 대학교를 방문했을 때 대학 실험실에서 입자가속기가 화염에 휩싸인 적도 있었다. 괴팅겐에 있는 제임스 프랑크(James Franck)의 실험실에서 고가의 기계장치가 고장 났을 때는 파울리가 그 실험실에 있지 않았다. 프랑크는 파울리에게 그 일을 전하면서 이번에는 파울리의 탓이 아니라는 농담을 편지에 적어 보냈다. 그런데 파울리는 아마도 자신의 탓이 맞을 것이라는 답장을 보내왔다. 코펜하겐으로 향하던 기차 여행 도중 바로 그 시간에 잠시 괴팅겐에 정차했었다는 이야기였다. 실험실 기계가 고장 났을 때 파울리는 그 실험실에서 얼마 떨어지지 않은 곳에 있었던 것이다.

이런 기이한 상황들을 어떻게 설명할 수 있을까? 이것은 전부 단지 우연일 뿐일까? 어쩌면 여기서 더 이상 설명할 것이 없을지도 모른다.

우리 인간들은 이야기를 만들어내기 좋아한다. 아름다운 이야기를 들으면 그 이야기를 기억하고 전달한다. 마음에 드는 부분을 덧붙이고, 마음에 들지 않는 부분은 빼버린다. 경험을 아름다운 이야기로 꾸미고 기억 속에 저장함으로써 정리한다. 나중에는 우리의 기억 속에 있는 다채롭고 임의로 꾸며진 이야기 꾸러미가 사실과 얼마나 일치하는지를 스스로도 정확히 말하기 어렵게 되어버린다.

데샹과 자두 푸딩에 얽힌 이야기는 사실일까, 아니면 누군가 이 이야기를 전달하는 과정에서 재미를 부여하기 위해 조금 과장한 것일까? 어쩌면 데샹은 자두 푸딩을 아주 자주 먹었는데 그 신비한 드 퐁기뷔 씨가 등장하지 않았던 수많은 경우들은 그냥 잊어버린 것이 아닐까?

파울리는 정말 실험 장비들을 고장 나게 만들었을까? 실험실에서 잘못된 측정 데이터 때문에 짜증 나는 상황을 경험해본 사람이라면 누구나 알 것이다. 대부분의 실험은 실패로 끝나기 마련이며 실험이란 원래 그렇다는 것을 말이다. 만약 쉬운 실험이었다면 이미 오래전에 다른 누군가가 성공했을 것이다. 일반적으로 실험 장비가 신뢰할 만한 데이터를 내놓기까지는 예상치 못한 수많은 짜증 나는 결과들을 가지고 오랫동안 씨름해야 한다. 사실 실험이 제대로 잘 진행되지 않는 것은 지극히 정상적인 상황이다. 볼프강 파울리가 마침 어떤 실험 장비 때문에 짜증이 나 있던 실험물리학자들의 주변을 지나가게 된 것은 특이한 상황이 아니라 연구소에서는 오히려 불가피한 일이다. 파울리 효과라는 그럴듯한 이야기에 들어맞는 특별하고 인상 깊은 일화들만 기억하면, 실험을 망치는 이론물리학자에 관한 신화가 생겨나게 되는 것이다.

살인자 같은 우연

안타깝게도 우리 인간들은 우연을 알아차리고 가능성을 제대로 판단하는 데 매우 미숙하다. 우리는 누가 우리에게 호감을 갖고 있는지 아닌지를 알아차리는 데 제법 뛰어난 감각을 지니고 있으며, 냄비에 잠깐 코를 대고 냄새만 맡아보아도 점심이 맛있을지 여부를 알 수 있다. 하지만 가능성과 통계, 행운과 우연에 관련된 일에 대해서는 우리의 직감이 비참하게 실패하고 만다. 우리 인간이 우연과 가능성을 판단하는 능력은 귀가 어두운 집고양이가 피아노를 치는 실력과 비슷한 정도다.

우리는 백상어를 두려워하지만 심장 순환기 질환은 두려워하지 않는다. 룰렛 게임에서 일곱 번 연속 빨간 공이 나오는 것을 보면서 다음번에는 반드시 검은 공이 나올 것이라고 확신한다. 삶이 우리에게 던져주는 우연들을 가지고 우리는 이상한 이론들을 제멋대로 만들어내고 심오한 이유들을 갖다 붙이지만 사실은 우연이 지배하고 있을 뿐이다.

때로는 우연과 가능성에 대한 잘못된 이해가 한 사람의 인생마저 파괴할 수 있다는 사실을 영국에서 일어난 샐리 클라크의 안타까운 사례에서 알 수 있다. 클라크는 1996년에 첫 아들을 낳았다. 그런데 몇 주 후 아이는 자다가 갑자기 호흡이 멈췄다. 샐리 클라크는 구조대를 불렀지만 이미 너무 늦어서 아들은 결국 숨지고 말았다. 1998년에 이런 비극이 되풀이되었다. 둘째 아들 역시 태어난 지 몇 주 만에 죽고 만 것이다. 흔히 말하는 '영아돌연사'였다. 영아돌연사의 정확한 원인은 오늘날까지도 과학적으로 제대로 규명되지 않았다. 영아돌연사는 의학적으로 내릴 수 있는 진단명이 아니라 더 이상 다른 원인을 찾을 수 없을 때 하는 설명일 뿐이다.

그렇지만 샐리 클라크의 경우에는 이것으로 불충분했는지 살해 혐의로 체포되었다. 법정에 선 소아과 의사는 샐리 클라크의 이야기가 진실일 가능성은 매우 낮다고 진술했다. 아이가 영아돌연사로 사망할 확률은 8,543명 중 한 명이다. 따라서 그런 경우가 두 번 연속으로 일어날 가능성은 극히 희박하며, 그 확률은 8,543의 제곱인 7,300만분의 1에 불과하다고 의사는 주장했다. 이는 확률상 너무 낮은 수치이기 때문에 샐리 클라크가 아들들을 살해했다고 봐야 한다는 이야기였다. 샐리 클라크는 유죄 판결을 받고 종신형을 선고받았다.

언론에서는 이 사건을 대대적으로 보도했고, 결국 런던에 있는 왕립 통계학회에서 이 사건에 대한 의견을 내놓기에 이르렀다. 통계 전문가들은 확률에 대한 주장이 얼핏 보기에는 그럴듯해 보이지만 근본적으로 잘못됐다고 설명했다.

주사위를 두 번 던졌을 때 연속해서 6이 나올 확률은 얼마나 될까? 아주 간단하게 계산해볼 수 있다. 첫 번째 주사위를 던졌을 때의 확률은 6분의 1이다. 두 번째 주사위를 던졌을 때도 마찬가지다. 따라서 두 번 모두 6이 나올 확률은 36분의 1이다. 두 사건은 서로 아무런 관련이 없기 때문에 그저 둘의 확률을 곱하면 된다. 하지만 영아돌연사의 경우에는 상황이 다르다. 영아돌연사의 위험성은 유전적 요인이나 환경의 영향에 의해 커지는데 두 아이 모두 이런 영향을 받은 것은 아니었을까? 두 아이가 연이어 사망한 사건의 정확한 확률을 구하기 위해서는 이런 관련성에 대해 알아야 한다.

그러나 소아과 의사가 내세운 주장의 결정적인 문제는 다른 데 있다. 두 번의 우연한 죽음이 일어날 확률이 겨우 7,300만분의 1이라고 해도, 그것이 곧 샐리 클라크가 무죄일 확률이 7,300만분의 1에 불과하다는 것을 의미하지는 않는다. 통계학에서는 이를 '검사(檢事)의 오류'라고 부른다.[3]

이 사건의 경우 중요한 문제는 두 명의 신생아가 영아돌연사로 사망할 확률이 얼마나 되느냐가 아니라, 이미 사망한 두 아이가 이런 사인으로 사망할 확률이 얼마나 되느냐다. 이 둘 사이에는 아주 중대한 차이가 있다. 가능성 있는 두 가지 선택지는 '아이들의 생존'과 '아이들 영아돌연사로 사망'이 아니라 '아이들 어머니에 의해 살해'와 '아이들의 자연사'다. 이중(二重) 살인이 일어날 확률이나 영아돌연사가 두 번 연속으로 일어날 확률은 극히 낮다. 하지만 그렇다고 해서 혼란에 휩싸이면 안 된다. 믿을 수 없는 두 가지 경우 중 한 가지가 실제로 발생했기 때문이다. 따라서 두 번의 사망 사건이 일어날 수 있는 절대적인 확률이 중요한 것이 아니라 살인과 비교했을 때 영아돌연사가 나타날 수 있는 상대적인 확률이 중요하다.

로또 추첨이 끝난 후 친구가 환한 미소를 지으며 내 방문을 두드리고 로또 용지를 코밑에 들이밀면 나는 어떻게 행동할 것인가? 통계에 대한 일가견이 없는 그 소아과 의사의 논리대로라면 다음과 같이 말해야 할 것이다. 로또에서 1등에 당첨될 확률은 극히 낮기 때문에 그럴 가능성은 그냥 배제해도 된다. 그렇다면 친구는 로또 용지를 조작했을 것이다. 하지만 내 친구가 악명 높은 거짓말쟁이이거나 뛰어난 위조범이 아니라면 그랬을 가능성은 매우 낮다. 로또 용지는 분명히 존재하고 믿기지 않는 사건이 일어난 것이 분명하기 때문에 로또 당첨 확률이 극히 낮다는 것은 의미 있는 주장이 되지 못한다.

굳이 통계를 근거로 주장을 펼치고자 했다면, 샐리 클라크 사건에서는 우선 영아들의 전형적인 사망 원인을 살펴보는 편이 훨씬 더 현명했을 것이다. 생후 1개월에서 1년 사이에는 영아돌연사가 가장 흔한 사망 원인에 속한다. 영아가 살해되는 경우는 다행히도 극히 드물다. 샐퍼드 대학교 수학과 교수인 레이 힐(Ray Hill) 박사는 샐리 클라크 사건의 경우 통계적으로 봤을 때 이중 살인의 가능성이 영아돌연사가 연속으로 일어날 확률보다 현저히 낮다는 것을 계산해냈다. 결국 항소심에서 소아과 의사의 주장을 받아들이지 말았어야 했다는 판결이 나왔고, 샐리 클라크는 3년간 복역한 뒤 석방되었다.

우연은 필연

우리의 직관은 믿을 수 없는 사건들이 번번이 일어나는 것을 쉽게 받아들이지 못한다. 순전한 우연은 의심스럽게 느껴지기 때문에 우리는 차라리 숨은 원인을 찾고자 애쓴다. 그런데 이 세상에는 날마다 수많은 우연이 일어나기 때문에 항상 믿을 수 없는 일들이 벌어진다. 가능성이 있는 일들만 일어날 가능성은 너무나 미미해서, 가능성이 없는 일이 일어나지 않을 가능성이 가장 낮다.

충분히 많은 사람들이 로또에 참여한다면 그중에서 누군가는 제대로 된 숫자를 맞힐 것이다. 물리학 실험들이 자주 실패로 끝난다면 어떤 과학자는 볼프강 파울리처럼 번번이 실패한 실험의 현장에 있게 될 것이다. 수백만 명의 사람이 수백만 가지의 상황에서 수백만 명의 사람을 만난다면, 데샹과 드 퐁기뷔씨 그리고 자두 푸딩처럼 믿기지 않는 이야기가 이따금 생겨나는 것은 필연적인 일이다. 우리가 그런 우연에 대해 놀라워하는 것은 당연하다. 그러나 우리가 자꾸 놀랄 일이 생긴다는 사실에 놀라워할 필요는 없다. 우리가 놀라워할 일이 없다면 인생은 상당히 지루할 것이기 때문이다.

우리 인생에서 가장 흥미로운 일들은 심오하거나 의미심장한 이유가 있는 것이 아니며, 어떤 신비로운 섭리로 정해지는 것도 아니다. 그런 일들은 순전히 우연에 의해 우리에게 다가오는 것이다. 그렇기 때문에 우연은 조금 더 자세히 생각해볼 만한 가치가 있다.

우연은 단순히 원인의 부재를 의미하는 것일까? 이것은 별로 만족스러운 설명이 되지 못한다. 원인은 언제나 찾을 수 있기 때문이다. 볼프강 파울리의 연구소에서 어떤 측정 장비에 매캐한 연기가 피어오르면서 고장이 났다면, 혹시 학생 중 한 명이 전선을 잘못 연결해서 그렇게 됐을 수도 있다. 내가 주사위를 던져서 6이 나왔다면 주사위의 물리적 특성과 내가 주사위를 던진 힘이 작용한 결과일 것이다. 내가 1에서 100까지의 숫자 중에서 우연히 아무 숫자나 고른다면 나의 선택은 우리가 생각이라고 부르는 뇌세포의 활동, 머릿속의 전기화학적인 반응 때문일 것이다. 하지만 모든 것에 원인이 있다면 과연 우연이 존재할 수 있을까?

이 세계는 아주 작은 입자, 양성자, 중성자, 전자 그리고 그 밖의 작은 물질들로 복잡하게 얽혀 있다. 모든 것이 우주 공간에서 마구 돌아다니며 서로 결합하거나 밀어낸다. 공중에 날아다니는 먼지 알갱이들 중에 왼쪽으로 날아갈지 오른쪽으로 날아갈지 스스로 선택할 수 있는 알갱이는 없다. 먼지의 움직임은 명백하고 필연적인 방식으로 자연의 법칙을 따른다.

그렇다면 이 우주는 수많은 톱니바퀴들이 서로 맞물려 돌아가는 시계 장치와 같고, 모든 결과에는 원인이 있으며, 모든 일들이 예정대로 일어난다고 생각하면 되는 것일까? 우주는 1초마다 째깍거리며 움직이는 거실에 걸린 벽시계와 유사한 방식으로 예측 가능한 것인가? 만약 과학적인 방법으로 이 세상 전체를 설명할 수 있다면 우연이 과연 설 자리가 있을까? 그러한 수학적 엄격함 속에 마치 테라스의 바닥 타일 틈 사이로 잡초가 비집고 자라나듯이 우연한 것, 임의적인 것 그리고 예상치 못한 것이 모습을 드러낼 수 있는 비밀스러운 틈새가 있는 것일까? 자연은 가장 깊숙한 곳 어딘가에 우연 발생기를 설치해놓아서 스스로조차 어떤 일이 일어날지 알 수 없는 것은 아닐까?

세상은 시계의 톱니바퀴처럼 정확할까?

공식의 아름다움, 혜성의 예측 가능성 그리고 라플라스의 악마:
엄격한 자연법칙이 세계의 흐름을 결정한다면 우연이 설 자리는 어디인가?

고양이는 무척 심심하다. 옆집 수고양이는 이미 내쫓아버렸고, 정원에서는 쥐를 더 이상 찾아볼 수 없으며, 함께 살고 있고 먹이가 든 이상한 캔을 열 줄 아는 두 발로 걷는 주인은 평소와 달리 아직 집에 돌아오지 않았다. 몇 시간이 지난 후에야 문이 열리면서 주인이 들어오고, 고양이는 화를 내며 야옹거리지만 커다란 닭고기 한 조각을 받고 금방 화가 풀린다.

주인이 늦게 집으로 돌아온 것은 고양이에게 완전히 우연한 사건이다. 하필 오늘 평소와는 다른 일과를 보내게 될 것을 고양이는 예측할 수 없었다. 하지만 고양이 주인의 경우는 다르다. 아마도 그날 저녁 주인은 이미 오래전부터 계획을 세워놓은 중요한 일정이 있었을 것이다.

우리가 어떤 일을 우연으로 받아들이는지 아닌지는 우리에게 제공된 정보의 종류에 달려 있다. 면밀하게 측정된 스윙과 정확한 회전으로 동전을 공중으로 날려서 여러 번의 회전 후에 미리 정해진 동전의 면이 탁자 위에 나오게 하는 기계장치가 있다. 내가 이런 실험을 처음 본다면 동전을 던져서 나온 결과를 완전히 우연이라고 여길 것이다. 그것은 단지 내가 기계에 설정되어 있는 법칙을 알지 못하기 때문이다.

숫자의 놀라운 유용성

어쩌면 모든 우연은 충분히 자세히 들여다보기만 한다면 명확한 예측이 가능할지도 모른다. 과학의 발달 덕분에 우리는 지난 수백 년간 단순히 우연이나 신의 뜻이라고 생각했던 많은 현상들을 이해할 수 있게 되었다. 오늘날 우리는 천둥이 치는 이유를 알고, 질병이 발생하는 원인을 설명할 수 있으며, 저녁 뉴스가 끝난 뒤에 비교적 적중률이 높은 내일의 일기예보도 들을 수 있다.

우리의 세계는 수학 공식으로 설명이 가능하다. 이 말은 상당히 진부하게 들리지만 절대 당연한 것은 아니다. 우리는 우주의 놀라운 예측성을 별다른 고민 없이 그냥 받아들인다.

자연은 물리학 법칙을 따라야 한다는 것을 어떻게 알았을까? 자연은 수학의 방정식을 풀 수 있는 것일까? 자연법칙은 왜 우리 인간이 그것을 알아차리고 이용할 수 있도록 만들어졌을까?

오늘날 현대물리학에는 네 가지 근본적인 힘이 존재한다. 중력, 전자기력, 강한 핵력 그리고 약한 핵력이다. 네 가지 힘 모두 수학적으로 설명이 가능하며, 핵물리학에서 천문학에 이르기까지 우리가 관찰할 수 있는 거의 모든 것을 이 네 가지 힘으로 설명할 수 있다. 그런데 우리는 수학이 단지 대략적인 지침만 제공하는 세계를 상상해볼 수도 있을 것이다. 돌멩이가 설명할 수 없는 원인에 의해 조금 더 빨리 바닥으로 떨어지다가 다시 천천히 떨어지기도 하고, 물이 오늘은 맑다가 내일은 오렌지색이고, 냉장고 속 바나나가 가끔씩 즉흥적으로 성질 고약한 아기 악어로 변신하는 그런 세계 말이다.

만약 그렇다면 아주 재미있겠지만 우리는 이런 우연의 세계에 살고 있지는 않은 듯하다. 우리가 세계에 대해 더 많은 것을 배울수록 관찰한 현상들을 더 잘 설명할 수 있다. 우리가 정확하게 측정할수록 그 측정값은 수학적 예측과 더 잘 맞아떨어진다. 우리가 정확하게 계산할수록 그 결과는 실험과 더 잘 맞아떨어진다. 자연이 따르고 있는 법칙들은 놀라울 정도로 단순한 경우가 많다. 심지어 어떤 이론이 수학적으로 아름답고 단순해

보이는 것이 그 이론의 타당성을 암시한다고 믿는 사람들도 있다. 학창 시절의 수학 숙제를 떠올려보면 된다. 복잡한 방정식의 미로에서 헤매다 보면 결국에는 모든 것이 단순해져서 간단하고 짧은 공식만 남게 되고, 이것은 계산을 제대로 했다는 좋은 신호로 받아들일 수 있다.

자연은 수학적인 아름다움을 선호하는 것일까? 알베르트 아인슈타인(Albert Einstein)의 공식 $E=mc^2$은 이에 대한 좋은 예다. 오스트리아의 물리학자인 프리드리히 하젠외를(Friedrich Hasenöhrl)은 아인슈타인보다 먼저 에너지와 질량의 관계에 대해 생각하고 $E=3mc^2/4$라는 공식을 만들어냈다. 이 공식은 사실에 아주 근접했지만 아인슈타인의 공식이 더 간단하고 정확하다.

그렇지만 아름다운 공식을 사용하든 그렇지 않은 공식을 사용하든, 이 세계를 수학적으로 설명할 수 있다는 것 자체가 놀라운 일이다. 노벨상 수상자인 물리학자 유진 폴 위그너(Eugene Paul Wigner)는 이에 대해 놀라움을 표현했다. "자연과학에서 수학의 대단한 유용성은 신비로울 정도이지만 이에 대한 합리적인 설명은 없다"라고 그는 썼다. "수학의 언어가 물리학 법칙을 표현하는 데 유용하게 쓰이는 기적은 우리가 이해할 수도 없고 받을 만한 자격도 없는 대단한 선물이다. 우리는 이에 대해 감사해야 하며 앞으로의 연구에도 계속 유효하기를 바라야 한다."

우주론자인 맥스 테그마크(Max Tegmark)는 수학의 놀라운 유용성에 대해 급진적인 설명을 제시한다. 그에게 우주는 단지 수학적으로 설명 가능한 것일 뿐만 아니라 우주 자체가 그대로 수학이다.

세계를 수학적으로 완벽하게 설명할 수 있다면 두 가지, 즉 세계와 세계에 대한 수학적인 설명을 서로 분리해서 생각하면 안 된다. 목요일과 수요일 다음에 오는 날처럼 의미상으로는 똑같은 것이다. 세계가 순수수학이라면 우리가 수학을 통해 진실에 점점 가까이 다가가는 것에 대해 놀랄 필요가 없다. 우주가 생겨난 이유에 대해서도 생각할 필요가 없다. 숫자 5나 루트 2가 그냥 있는 것에 대해 아무도 놀라워하지 않는 것과 마찬가지로 우주도 그냥 있는 것이다.

맥스 테그마크는 우리의 우주가 특정한 불변의 특징을 가지고 있는 수학적 구조라고 보았다. 그리고 이런 특징들로 인해 필연적으로 마이너스를 띠는 전자는 서로 밀어내고, 지구는 태양 주위를 돌며, 오늘 나는 하필 피자가 먹고 싶은 것이다. 방정식의 정확한 해답과 마찬가지로 우주의 미래는 이미 확실하게 정해져 있다. 시간은 더 이상 진정한 의미를 갖지 못하며, 이러한 테그마크의 우주에는 우연이 설 자리가 없다.

이런 주장 때문에 두통을 느끼는 사람이라면 짜증을 낼 필요가 없다. 두통 역시 현실의 불쾌한 수학적 특징에 불과하기 때문이다. 세계 전체를 순수수학으로 바라보는 발상은 독특하고 급진적이다. 그러나 우리 우주에서 일어나는 모든 일들이 어떤 의미에서 이미 정해져 있다는 생각은 새로운 것이 아니다. 자연과학적인 사고를 하는 사람들에게 이런 생각은 상당히 수긍이 가는 것이다. 우리는 소행성의 진로를 측정해서 소행성이 지구와 충돌하게 될지 수학적으로 계산하여 예측한다. 또한 어떤 액체를 분석해서 어떤 화학반응이 일어날지 예측할 수 있다. 전기 배선을 살펴보다가 어떤 멍청한 사람이 실수로 합선을 일으킨 탓에 과부하로 곧 타서 끊어질 것을 예측할 수 있다. 과학의 도움으로 앞으로 일어날 일들을 그렇게 잘 예측할 수 있다면, 과학이 조금 더 발전하면 언젠가는 모든 것을 예측할 수 있게 되지 않을까?

이런 생각들이 계몽주의 시대에 상당한 호응을 얻은 것은 우연이 아니다. 계몽주의 시대는 과학사에서 아주 흥미진진한 시대였다. 오늘날의 관점에서 볼 때 근대 과학의 역사는 사람의 일생으로 비유하면 초기 청년기에 해당하는 시기였다. 완전히 새로운 일들을 시도해보기 시작했는데 그중 어떤 일들은 부적절한 것일 수도 있고, 그런 일을 하는 이유는 알 수 없지만 아주 흥미진진하고 스릴 있는 것들이었다. 최초의 증기기관이 만들어졌고, 전기와 관련된 신기한 현상에 대한 실험들을 진행했으며, 열기구를 타고 처음으로 안전한 땅을 벗어나는 모험을 감행했다. 아이작 뉴턴(Isaac Newton)이 공식을 만들어내기도 했는데, 날아가는 비둘기의 배설물은 포물선을 그리며 우리 머리 위에 떨어지는 반면 달은 지구 주위를 돌면서도 계속 그 궤도 위에 안정적으로 머물러 있는 이유를 그 공식으로 추정할 수 있었다. 아주 찬란한 시대였다.

철학자이자 수학자였던 고트프리트 빌헬름 라이프니츠(Gottfried Wilhelm Leibniz)는 이유 없이 일어나는 일은 아무것도 없다고 확고하게 생각했다. 그리고 그 생각의 깊은 근원은 바로 신이었다. 신이 모든 것의 근원이며 우주의 모든 일을 주관한다는 생각은 새로운 것이 아니었다. 종교를 믿는 사람들은 이런 생각을 그리 달가워하지 않는다. 이것이 오히려 신의 영향력을 부정하는 결과를 낳을 수 있기 때문이다. 이러한 사고관은 거대한 인과의 톱니바퀴라는 세계 속에서 그 자체가 첫 번째 톱니바퀴로서 기능한다.

신은 세계를 창조할 때조차 선택의 여지가 없었다고 라이프니츠는 주장했다. 그에 따르면 천지만물을 만들 때도 우연에 맡긴 것은 아무것도 없었다. 신은 당연히 가장 좋은 세계를 창조

해야지 그렇지 않으면 신이 아니기 때문이다. 어떻게 보면 신이 불쌍하게 여겨질 정도다. 전지전능한 존재인데 선택의 자유가 없다는 것은 여하튼 상당히 절망적인 일이기 때문이다. 그래도 이런 가정은 어쨌든 이 세상에 고통이 존재하는 이유에 대한 유력한 설명이 된다. 이보다 더 나은 것은 없으며, 신의 계획에서 벗어나는 것은 이 세상을 더 나쁘게 만들 뿐이다. 만약 내 발가락이 부러진다면 장기적으로 봤을 때 어떻게든 긍정적인 영향이 있을 것이다. 만약 그렇지 않다면 이 세상은 최선의 세계가 아니지 않겠는가? 논리적으로 보면 전적으로 그렇다고 볼 수 있다. 하지만 우리가 '가능한 최선의 세계'에 살고 있다는 관념을 운이 좋지 않은 다른 누군가가 아니라 명망 있고 부유한 유럽 사람인 라이프니츠가 만들어낸 것도 우연은 아닐 것이다.

영국의 유물론자였던 토머스 홉스(Thomas Hobbes)는 신에 대해 조금 더 회의적인 시각을 갖고 있었다. 그는 만약 신이 존재한다면 입자로 이루어지고 공간에서 확장할 수 있는 물질적 존재로 봐야 한다고 생각했다. 같은 영국인이며 연금술사에서 화학자로 변신한 로버트 보일(Robert Boyle)은 자주 인용되곤 하는, 여러 개의 톱니바퀴가 질서 정연하게 맞물려 돌아가는 시계 장치로서의 우주 그림을 사용했다. 하나의 톱니바퀴는 다른 톱니바퀴에 의해 움직이고, 그 톱니바퀴는 또 다른 톱니바퀴를 움직이게 만든다. 믿음직스럽게 맞물려 돌아가는 시계 장치와 마찬가지로, 우주의 거대한 기계 역시 원인과 결과의 논리적인 연쇄일 뿐이다.

라플라스, 신 그리고 악마

프랑스 북부의 작은 마을에 사는 아홉 살 꼬마 피에르-시몽 라플라스(Pierre-Simon Laplace)는 밤하늘에 밝은 빛이 나타나기를 고대하며 하늘을 올려다보았다. 라플라스만 그랬던 것은 아니었다. 전 유럽의 천문학자들이 1758년에 되돌아오리라고 예측된 핼리혜성을 학수고대했다. 꼬마 피에르-시몽 라플라스에게 이것은 아주 인상적인 경험이었으며 그는 훗날 신과 세계에 대한 가장 급진적인 사상가가 되었다.

이미 50년 전에 영국의 천문학자인 에드먼드 핼리(Edmond Halley)가 혜성이 돌아오는 주기를 예측했지만, 프랑스의 천문학자들은 이 혜성의 궤도를 더 정확하게 계산해냈다. 그들은 목성과 토성의 영향을 더 정확하게 반영하여 혜성이 조금 더 늦게 나타날 것이라 예측했다. 1759년 4월 13일에 혜성이 태양과 가장 가까워질 것이라 예측했고, 이 예측은 거의 정확했다. 비록 실제로는 3월 13일이었지만 그래도 당시에 이 정도로 혜성의 궤도를 정확하게 예측한 것은 대단한 성공이었다. 피에르-시몽 라플라스는 나중에 이 사건이 그의 세대 사람들에게 중요한 영향을 끼쳤다고 설명했다. 즉, 특이한 자연현상들을 더 이상 신의 신호로 받아들이지 않고, 분석하고 이해하고 예측할 수 있는 자연법칙으로 받아들이게 되었다는 것이다.

라플라스는 명망 있는 파리의 과학아카데미 회원으로서 연구활동을 했다. 프랑스 혁명 중에 그는 정치적으로 충분히 신뢰할 수 없는 인물로 간주되어 수도인 파리를 떠나야 했다. 나중에 그는 자신이 몇 년 전 군사아카데미에서 수학을 가르쳤던 제자인 나폴레옹과 연락이 닿아 파리로 돌아왔고, 내무부 장관이 되었다. 그러나 천재적인 과학자라고 해서 반드시 훌륭한 정치가가 되는 것은 아니다. 라플라스는 6주 만에 해임되었는데, 나폴레옹은 그가 너무 사소한 것에 집착한다고 불만을 토로했다. 그리고 라플라스가 '한없이 사소한 것들'을 행정에 끌어들였다고 말했다.

라플라스의 사고실험들 중 유명해진 것은 그 시대 과학의 정신을 잘 보여주는 '라플라스의 악마'였다. 라플라스는 무한한 양의 정보를 아주 수월하게 받아들이고 최단 시간 내에 복잡한 계산들을 수행하는 초인간적인 지성을 상상했다. 그런 '악마'가 특정한 시간에 우주의 모든 물체의 상태, 모든 원자의 정확한 위치와 속도, 그리고 이런 모든 물체들 사이에 작용하는 힘을 알고 있다고 가정해보자.

만약 우주가 인과관계로 이루어지는 기계처럼 작동한다면 이러한 라플라스의 악마는 우주의 상태, 우주에 있는 원자, 인간 그리고 천체가 특정한 다른 시점에서는 어떤 모습일지 예측할 수 있어야 한다. 악마에게 모든 순간은 다른 순간과 동등한 의미일 것이다. 모든 순간으로부터 다른 모든 순간들을 이끌어낼 수 있기 때문이다. 이것은 우주에 있는 모든 것들이 이미 시작될 때부터 미리 정해져 있다는 뜻이다. 60분이 지나면 시침이 다음 숫자로 넘어가도록 잘 설계된 시계 장치처럼 말이다. 만약 이런 악마가 존재할 수 있다면 세계는 결정론적인 것이며, 미래는 이미 우주의 시작부터 최초의 상태로 포장된 채 완성되어 있는 것이다. 그런 세계에서는 어떤 우연도 일어날 수 없다.

당시의 많은 학자들과 마찬가지로 라플라스는 천체의 움직임을 연구했고, 우주 시계 장치의 톱니바퀴처럼 행성들이 불변의 법칙에 따라 태양 주위를 도는 것을 수학적인 공식으로 설명했다. 그는 20년이 넘는 세월 동안 천체역학을 연구하는 방대한 작업에 몰두했고, 연구를 다 마치고 그것을 나폴레옹에게 보여주었다. 나폴레옹은 그의 책을 읽고 그 속에 단 한 번도 '신'이라는 단어가 등장하지 않는다는 사실을 발견했다. 이에 대해 라플라스는 "폐하, 저에게는 그런 가정이 필요하지 않습니다"라고 대답했다고 한다.

그러나 이런 인용문을 보고 계몽주의 시대의 과학자들과 철학자들이 무신론자였다고 결론짓는 것은 잘못이다. 라플라스는 자신의 세계관에서 신을 내쫓아버리려 했던 것이 아니라 단지 신에게 적절한 자리를 마련해주고자 했다. 만약 이 세계를 신뢰할 수 있게 잘 돌아가는 시계 장치로 여긴다면, 외부에서 우연히 그리고 임의로 세계에 개입하는 신을 믿을 수 없게 된다. 하지만 시계 제작자, 최초의 설계자 및 고안자로서의 지위를 신에게 부여할 수 있다. 이는 순전히 논리로만 존재하고 창조자가 필요하지 않은 맥스 테그마크의 수학적인 우주와는 다르다.

우주의 기계공 아이작 뉴턴

계몽주의 시대 과학계의 진정한 스타는 라플라스나 라이프니츠가 아니라 아이작 뉴턴이었다. 그는 역사상 가장 선구적이고 기이한 과학자였다. 그러나 저녁에 열리는 파티에 함께 가고 싶은 사람은 아니었다. 적어도 파티 주최자에게 다시 한 번 초대받고 싶은 마음이 있다면 말이다.

뉴턴이 다른 과학자들과 벌인 수많은 논쟁들은 전설적이다. 그는 심지어 라이프니츠에게 마음의 상처를 준 것에 대해 자랑스러워했다고 한다. 두 사람은 둘 중 누가 미적분의 고안자인지를 두고 다툼을 벌였다. 런던의 왕립학회는 두 사람 중 누구의 말이 맞는지 가리기 위해 위원회를 구성했다. 위원회의 보고서는 뉴턴을 승자로 선언했는데, 라이프니츠는 질문도 전혀 받지 못했다. 그리 놀라운 일은 아니었다. 바로 뉴턴이 이 보고서의 작성자였기 때문이다.

아이작 뉴턴은 영국 왕립 그리니치 천문대의 왕실 천문관인 존 플램스티드(John Flamsteed)와도 다퉈서 사이가 틀어졌다. 플램스티드는 여러 해 동안 연구하여 천체의 위치를 측정했다. 뉴턴은 진행 중이던 자신의 연구에 그 정보들이 긴급히 필요했지만 플램스티드는 아직 연구 결과를 공개하고 싶지 않았다. 이로 인해 두 사람 사이에 몇 해에 걸친 다툼이 벌어졌고, 유명한 과학자이자 고위층 인맥을 갖고 있던 뉴턴이 훨씬 더 유리한 입장이었다. 뉴턴은 왕립학회 수장이 되어 플램스티드에게 정보를 내놓으라고 압력을 가했다. 결국 플램스티드의 동의 없이 책 400부가 인쇄되었다. 플램스티드는 나중에 그중 300부를 간신히 구해서 불태워버렸지만, 이는 그저 작은 위안에 불과했을 것이다.

뉴턴과 가장 격렬한 다툼을 벌인 사람은 그의 동료 물리학자였던 로버트 훅(Robert Hooke)이었다. 두 사람은 빛의 본질에 대해 완전히 상반된 견해를 갖고 있었다. 뉴턴은 빛이 아주 작은 입자로 이루어져 있다고 확신한 반면에 훅은 빛이 파동이라고 주장했다. 오늘날의 관점에서 보면 이 논쟁은 바나나가 달콤한지 아니면 노란색인지를 두고 벌이는 논쟁만큼이나 무의미하다. 둘 다 어떤 면에서는 옳은 주장이었지만 뉴턴과 훅은 평생 원수처럼 지냈다.[4]

그러나 인간으로서의 뉴턴에 대해 어떻게 생각하든지 간에 그가 선구적인 과학자였다는 사실에는 논란의 여지가 없다. 그는 20세기까지 자연과학적 세계상(世界像)의 결정적 토대가 된 고전역학을 고안해냈다. 고대에는 지구에 있는 물체에 적용되는 법칙이 천체에 적용되는 법칙과는 근본적으로 다르다고 생각했다. 하늘에 있는 물체는 영원히 궤도를 따라 움직이는 반면, 지구에 있는 물체의 움직임은 일시적이고 직선적이라고 생각했다. 뉴턴의 위대한 발견 중 하나는 나무에서 떨어지는 배가 태양 주위를 도는 지구와 동일한 규칙을 따른다는 것이었다.

우리가 높은 탑에 올라가서 지표면과 평행하게 돌을 아주 멀리 앞으로 던진다고 생각해보자. 돌멩이는 중력에 의해 항상 아래로 끌어당겨진다. 하지만 지구는 구(球)이기 때문에 '아래'는 모든 곳에서 같은 방향을 의미하는 것이 아니다. 돌멩이가 아주 빠르게 날아가면 지구 중심을 가리키는 방향이 빠르게 바뀌어 돌멩이가 바닥에 떨어질 시간이 없다. 지구의 곡면이 계속해서 돌멩이의 궤도에서 벗어나 돌멩이는 지구 주위를 돌게 된다고 말할 수 있다. 주위를 도는 것은 전진운동이 더해진 낙하나 다름없다. 우주정거장은 계속해서 지구를 향해 낙하하고 있지만 동시에 충분히 빠른 속도로 지구를 지나쳐 돌고 있기 때문에 바닥에 처박히지 않는다.

뉴턴은 간단명료한 몇 가지 법칙을 통해 어떤 힘이 작용하는 물체가 어떻게 움직이는지 설명했다. 추의 진자운동, 자동차가 굴러가는 움직임, 혜성의 궤도 등이 뉴턴에 의해 수학적으로 예측 가능해졌다. 초기조건, 위치 그리고 어떤 특정한 시점의 속도만 알면 뉴턴의 방정식과 약간의 적분 계산을 통해 다른 어떤 시점의 시스템의 상태를 밝혀낼 수 있다. 뉴턴의 과학적인 업적은 아무리 높게 평가해도 부족하다. 그가 평생을 과학과 수학 연구에만 매진한 것이 아닌데도 말이다. 특히 말년에는 신비주의, 신학 그리고 역사를 연구하는 데 몰두했고 정치적인 활동에 참여하기도 했다.

이제 문제는 이런 기계론적 세계관을 모든 삶의 영역으로 확장할 수 있느냐 하는 것이다. 완벽하게 조립된 부속품들로 이루어진 시계는 고전역학의 공식으로 확실하게 설명할 수 있다. 살아 있는 생명체 역시 단지 완벽하게 조립된 부속품들의 집적체가 아닌가? 적어도 지금까지는 이에 반대하는 과학적 주장은 존재하지 않는다. 우리가 삶을 어떻게 정의하려고 하든지 간에 생명은 어쨌든 세포 내의 생화학적 변화와 관련이 있고, 이는 물리학적 공식으로 나타낼 수 있다. 따라서 이 세계를 엄격한 기계적 관점으로 바라본다면 생물과 무생물의 경계를 순전히 자의적이고 대수롭지 않은 것으로 이해할 수 있다.

지적인 생물체와 지적이지 않은 생물체, 의식이 있는 존재와 의식이 없는 존재의 경계도 마찬가지다. 인간의 영혼은 그냥 우리 뇌의 특징으로 볼 수 있지 않을까? 우리의 생각이라는 것은 여러 개의 물 분자들이 모이면 액체인 물이 되는 것과 마찬가지로 우리의 뇌세포들이 어떤 특정한 방식으로 서로 연결될 때 자동적으로 생겨나는 것이 아닐까? 기계론적 세계관에 관한 사유를 일관성 있게 끝까지 밀고 나가다 보면, 우리의 생각과 행동은 태양 주위를 도는 지구의 궤도와 마찬가지로 수학적으로 정확하게 미리 정해져 있다는 결론에 도달한다. 세계의 구성 요소들이 따르는 기본 방정식에 물리학적으로 내장된 우연이 없다면, 더 복잡한 시스템에서도 우연이 무에서 갑자기 나타날 수 없다.

기계론적 세계관에서 우연이란 이미 존재하지만 우리에게는 정보가 부족한 상황을 나타내는 개념일 뿐이다. 동전은 공중에서 빙글빙글 회전하다가 바닥에 떨어진다. 이때의 결과가 우연처럼 느껴지는 것은 내가 동전의 움직임을 정확하게 예측할 수 있을 정도로 동전의 회전과 방향에 대한 충분한 지식을 가지고 있지 않기 때문이다. 어떻게 보면 동전이 바닥에 떨어지기도 전에 결과는 이미 나와 있다. 이를 조금 비장하게 표현하자면 자연은 동전 던지기의 결과를 이미 알고 있다고 말할 수 있다. 기계론적 결정론자에게 동전 던지기의 우연은 마치 주인이 언제 올지 기다리는 고양이가 겪는 우연과 별반 다르지 않다. 고양이에게는 필요한 정보가 없었지만 주인이 언제 집으로 돌아올지는 이미 오래전부터 정해져 있었다.

이런 기계론적 세계관은 근대 초기부터 자연철학에 강한 영향을 미쳤고, 오늘날의 과학적 관점에서 봤을 때도 나름의 타당성을 지니고 있다. 그렇지만 뉴턴 이후에 우리는 뉴턴과 그의 동시대 사람들이 전혀 알지 못했던 놀라운 사실들을 아주 많이 발견하게 되었다. 뉴턴과 그의 동료들은 카오스 이론이나 양자 우연성에 대해서는 아직 알지 못했다. 그 이후 자연과학에서의 우연에 대한 우리의 생각은 급격하게 변했다.

나비는 아무 잘못이 없다

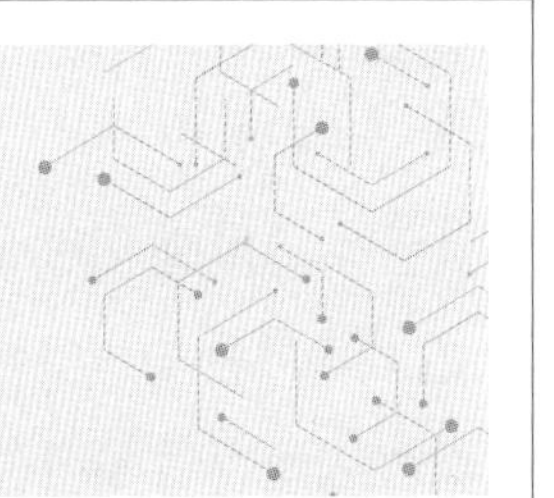

날씨, 나비효과 그리고 행성 충돌의 위험:
카오스 이론은 세계의 예측 가능성에 한계가 있다는 것을 보여준다.

에드워드 N. 로렌즈(Edward N. Lorenz)는 날씨 때문에 난감했다. 그가 기상 컴퓨터 시뮬레이션 연구를 하고 있는 매사추세츠 주에 내리는 비 때문이 아니라 조금 전 계산해낸 기상 예측 결과 때문이었다. 숫자가 예상했던 것과 전혀 다르게 나왔으므로 무언가 잘못된 것이 틀림없었다. 로렌즈는 이때까지만 해도 이것이 컴퓨터의 오류가 아니라 그의 인생에서 최고의 발견이라는 사실을 미처 알지 못했다.

날씨 예측이 그토록 어려운 이유는 무엇일까? 오늘날 우리는 앞으로 수억 년 후에 태양의 내부에 어떤 화학적 요소들이 생성될지 계산해낼 수 있고, 어떤 혜성의 궤도를 아주 정확하게 예측할 수 있다. 그런데 내년 5월 15일 빈에 비가 내릴지는 아무도 알 수 없다.

날씨가 그렇게 신비스러운 것도 아닌데 말이다. 이쪽에는 저기압, 저쪽에는 고기압이 자리하고 있으며 공기의 움직임, 바람, 구름 그리고 강수량이 있다. 이것은 근본적으로는 시계 장치의 움직임과 똑같이 기계적으로 이루어진다. 전 세계에 대한 모든 정보를 가지고 있으며 이런 정보를 바탕으로 순식간에 미래를 계산해낼 수 있는 라플라스의 전지전능한 악마가 실제로 존재한다면 그 악마는 날씨를 완벽하게 예측해내는 데 아무런 문제가 없을 것이다.

그렇지만 그러기 위해서는 초기조건을 아주 정확하게 알아야 한다. 그런데 라플라스의 악마가 아닌 우리 같은 사람들은 그런 초기조건을 알기가 힘들다. 온도, 기압, 풍속 그리고 다른 기상 변수들을 아주 정확하게 알 수 있어야 한다. 지구 대기권 전체를 완벽하게 작동하는 기상 관측소로 빈틈없이 채울 수 있다면 기상 관측의 정확성은 최상일 것이다. 하지만 그렇게 되면 기상학자들이 설 자리가 없어질 것이고 이 또한 안타까운 일일 것이다. 그렇기 때문에 어느 정도의 절충안을 찾아야 한다. 이때 중요한 질문들은 다음과 같다. 기상 관측소는 몇 개나 필요한가? 어느 정도의 측정 정확도에 도달해야 하는가? 최소한 어느 정도라도 쓸모 있는 예측을 달성하기 위해서는 초기 상태를 기술할 때 어느 정도의 불확실성을 허용할 수 있는가?

1960년에 에드워드 N. 로렌즈가 작업 중이던 컴퓨터 프로그램은 사실 상당히 간단하게 구축된 것이었다. 그는 날씨를 설명하기 위해 12개의 매개변수를 사용했고 컴퓨터는 착실하게 일련의 숫자들을 뱉어냈다. 그런데 로렌즈가 기상 시뮬레이션을 반복하려고 다시 정보를 입력할 때 매개변수 0.506127을 0.506으로 소수점 이하 자리를 일부 생략해서 입력하자 놀라운 일이 벌어졌다. 최종 결과가 처음 결과와 완전히 달랐던 것이다. 아주 미세한 오차, 즉 초기조건의 아주 작은 변화만으로 완전히 다른 날씨 결과가 나타났다. 로렌즈는 어느 정도 시간이 지난 뒤에야 이것이 착각이 아니라 그가 만든 날씨 방정식의 근본적인 특징이라는 사실을 깨달았다.

우리는 대개 비슷한 원인이 비슷한 결과를 낳는다고 생각한다. 내가 정말 훌륭한 케이크 조리법을 알고 있는데 이번에 케이크를 만들 때는 평소보다 초콜릿을 조금 더 많이 넣는다고 해도 정말 훌륭한 케이크가 완성될 것이다. (심지어 더 맛있는 케이크가 될 것이다. 초콜릿을 더 많이 넣는 것은 언제나 옳다.) 그런데 물리학에서는 반드시 그런 것은 아니다. 물리적 시스템에는 여러 가지 유형이 있기 때문이다. 간단한 시스템의 경우 작은 교란은 결정적인 영향을 끼치지 않으며 이런 시스템을 '정규적'이라고 한다. 장기적으로 예측 가능하며, 이러한 시스템을 연속해서 두 번 비슷한 초기조건으로 작동시키면 두 번 모두 비슷한 결과가 나올 것이다. 그 한 예가 단진자(單振子)다. 놀이터에 있는 그네를 살짝 밀면 그네는 상당히 규칙적으로 앞뒤로 움직일 것이고 다음번에 조금 더 세게 밀어도 거의 비슷한 움직임을 관찰할 수 있다. (이런 과정을 일곱 번 정도 반복하다 보면 보통 주위에 있던 부모들이 화를 내면서 애들도 이제 그네를 타야 한다며 당신을 내쫓을 것이다. 실험은 언제나 어느 정도의 위험을 감수해야 하기 마련이다.)

정규적 시스템을 보여주는 또 다른 예는 별 주위를 도는 행성의 움직임이다. 소위 말하는 이체문제(二體問題)는 천체역학에서 아주 중요한 계산 문제 중 하나다. 우주에서 다른 곳으로부터 멀리 떨어져 외롭게 자신의 별 주위를 도는 어떤 행성의 위치와 속도를 측정해서 그 행성의 미래의 자리를 계산한다고 생각해보자. 그런데 우리는 측정을 하자마자 운석이 이 행성에 떨어져서 행성의 속도를 조금 변화시키는 것을 보지 못한다. 이는 이 행성이 앞으로 움직일 궤도에 대한 우리의 예측이 더 이상 정확하게 맞지 않는다는 것을 의미한다. 1년이 지난 후 우리는 행성의 궤도와 우리의 예측을 비교해보고 차이를 알아차리게 된다. 2년이 지나면 차이는 두 배로 커질 것이고 3년이 지나면 세 배로 커질 것이다. 오류는 커지지만 그래도 같은 선상에 있다. 우리의 예측은 상당 기간 동안 어느 정도 의미를 갖는다.

그러나 이런 범주에 속하는 확실히 예측 가능한 현상들은 상당히 드물다. 이를 정규적 시스템이라고 부른다고 해서 이것이 표준을 의미하지는 않는다. 오히려 그 반대다. 진자운동과 각 행성의 움직임을 제외하면 이에 해당하는 현실적인 예는 거의 없다. 대부분의 기계적 시스템은 더 복잡하며, 바로 여기서 카오스가 기회를 얻는다. 이 유형에 속하는 시스템에서는 비슷한 원인이 완전히 다른 결과를 만들어낼 수 있다. 비슷한 초기 상황이 시간이 지나면서 완전히 다른 방향으로 발전한다. 시스템이 복잡할수록 카오스를 관찰할 수 있는 가능성은 높아진다.

카오스 시스템 중에도 단계적인 차이가 있다. 적어도 특정한 상황에서는 얼마 동안 어느 정도 예측 가능하게 움직이지만, 장기적으로 보면 결국 카오스가 나타난다. 카오스 시스템에서 초기의 오류는 단지 일직선상으로 커지는 것이 아니라 기하급수적으로 커진다. 일정한 기간 동안 오류는 두 배가 될 것이다. 또 어느 정도 시간이 지나면 네 배, 여덟 배 등으로 증가한다. 초기의 오류가 아주 미세해서 오랫동안 발견조차 하지 못한다 해도 언젠가는 걷잡을 수 없는 영향을 미치게 된다.

여러 카오스 시스템은 서로 다른 시간 척도상에서 예측 불가능해진다. 날씨의 경우 며칠 동안의 기상 예측은 꽤 신뢰할 만하다. 그러나 내가 성냥개비 불을 입으로 불어서 끄고 그 연기가 공기의 흐름을 타고 뭉게뭉게 피어오르면, 몇 초 후에 어떤 모습일지조차 예측하기 힘들다. 또한 1초가 채 지나기도 전에 신호가 카오스 상태로 되어버리는 전기회로도 만들 수 있다.

삼자동거 – 삼체문제

행성의 움직임에 관해서는 훨씬 더 큰 시간 척도를 두고 생각한다. 아이작 뉴턴도 이른바 삼체문제(三體問題) 때문에 골머리를 앓았다. 그는 하나의 행성이 태양 주위를 도는 움직임을 우아하게 계산해냈지만, 세 번째 천체가 추가되면 문제는 비교할 수 없을 정도로 어려워진다. 여기에 어떤 힘들이 작용하는지는 간단하게 명시할 수 있지만 종이와 연필만 가지고는 더 이상 방정식을 풀 수가 없다. 그래서 어떤 근삿값을 구해야 한다.

이렇게 근삿값을 구하는 것이 힘들기 때문에 그냥 컴퓨터에 맡기는 것이 가장 좋다. 뉴턴이 살던 시대에는 유능한 수학자가 계산을 하는 데 평생이 걸렸을 삼체문제를 오늘날에는 컴퓨터가 단 몇 초 만에 수월하게 풀어낸다. 뉴턴이 이것을 봤다면 매우 감격했을 것이다.

태양, 지구 그리고 달의 삼체 시스템이 장기적으로 어떻게 움직이는지 알고 싶으면 컴퓨터 앞에서 단계적으로 나아가야 한다. 우선 천체들의 위치를 통해 천체 사이에 작용하는 힘을 알 수 있다. 그리고 이 힘을 통해 움직임을 알 수 있고 이 움직임은 다음 순간에 천체가 어떤 위치에 있을지를 결정한다. 하지만 그 위치에는 또 다른 힘들이 작용해서 새로 계산을 해야 하며 이 모든 것이 처음부터 다시 시작된다. 달이 20억 년 후에 어디에 있을지 단번에 알려주는 아름답고 간단한 공식은 존재하지 않는다. 컴퓨터 앞에서 한 걸음 한 걸음 조금씩 뛰어오르며 미래를 향해 다가가는 것 말고 더 좋은 방법은 없다.[5]

삼체문제가 그토록 계산하기 어렵다면 여덟 개의 행성, 혜성, 난쟁이 행성 그리고 그 밖의 물체들로 구성된 우리 태양계의 움직임은 당연히 훨씬 더 복잡할 것이다. 그래서 다음과 같은 질문을 떠올려볼 수 있다. 우리의 태양계가 장기적으로 안정적이라고 기대할 수 있는가? 아니면 행성들이 태양 주위를 일정하게 도는 듯 보이지만 속임수인 것일까? 행성들이 언젠가 갑자기 궤도에서 이탈해 우주로 달아나버릴 수 있을까? 이 질문에 대해 수학적으로 대답하기는 쉽지 않다. 많은 위대한 과학자들이 이를 설명할 수 있는 이론을 만들어내려고 애썼지만 아무도 이 문제를 제대로 해결할 수 없었다.

1889년 1월 21일에 스웨덴 국왕인 오스카 2세가 60번째 생일을 맞이했다. 사람들은 이미 몇 년 전부터 생일잔치를 준비해 왔고 국왕에게 경의를 표하기 위해 대회를 개최하기로 결정했다. 오늘날 같으면 대중들에게 다양한 구경거리를 제공해서 깊은 인상을 심어주려 할 것이다. 난쟁이 거북으로 저글링을 하면서 동시에 보드카 한 병을 마시고 감동적인 팝 발라드를 부를 수 있는 사람은 어떨까? 아주 높은 시청률을 기록하겠지만 몇 주 지나면 모두의 기억 속에서 사라질 것이다. 반면에 오스카 국왕은 과학대회를 개최하기로 결심했다. 당시에는 시청률 같은 것은 없었지만 오늘날까지도 많은 사람들이 이 대회에 대해 기억하고 있다.

전 세계 학자들을 대상으로 수학 분야에서 네 가지 문제가 출제되었다. 이 문제 중 하나가 행성의 움직임에 관한 문제였다. 중력이 작용하는 모든 행성들이 궤도를 안정적으로 돌 수 있는가? 마침내 국왕의 생일날 대회 우승자가 발표되었다. 당시에 이미 이름을 떨치던 프랑스의 수학자 앙리 푸앵카레(Henri Poincaré)였다. 비록 행성의 영원한 움직임을 예측하는 데는 실패했지만 국왕의 전문가들은 그의 연구를 아주 획기적인 것으로 인정했다. 푸앵카레는 행성의 궤도에만 주목한 것이 아니라 실제 행성의 궤도와 거의 일치하지만 완전히 일치하지는 않는 궤도의 움직임에도 주목했다.

그렇지만 푸앵카레의 원고가 이해하기 쉽게 잘 작성된 것은 아니었다. 많은 부분들이 불명확하게 기술되었고 동료들이 보기에 그의 논증은 정밀하지 않았다. 하지만 워낙 위대한 푸앵카레였기 때문에 그냥 넘어가게 되었는데 이것은 그리 좋은 결정이 아니었다. 원고가 이미 다 인쇄되어 나왔을 때 푸앵카레는 자신의 실수를 깨달았다. 부랴부랴 인쇄기를 멈춰 세웠고, 이미 배포된 논문은 회수해서 파기했으며, 논문을 새로 제작해야 했다. 푸앵카레는 이로 인해 발생한 비용을 자비로 해결할 수밖에 없었고, 상금으로 받은 2,500 스웨덴 크로나를 몽땅 다 투입했을 뿐 아니라 추가로 상당한 금액을 지불해야 했다. 그러나 오류가 있는 원고를 두고 벌어진 소동은 그래도 어떤 식으로든 효과가 있었다. 앙리 푸앵카레는 오류를 바로잡아서 새로 인쇄한 논문으로 훗날 과학에 변화를 가져다줄 카오스 이론의 수학적 토대를 마련했다.

가능한 모든 일은 언젠가는 일어난다

진자운동을 하는 추는 되풀이되는 일련의 상태에 놓이게 된다. 추는 아래쪽으로 움직이면서 빨라지다가 힘이 약해지며 멈춰 서고 방향을 바꿔 이를 반복한다. 완전한 진동이 이루어지고 나면 진자의 가능한 모든 상태를 볼 수 있다(공기저항이나 어떤 종류의 마찰도 없다는 전제하에). 진자는 이론상 역시 물리학적으로 허용되는 다른 상태에는 놓이지 않을 것이다. 그렇지만 푸앵카레는 특정한 시스템들이 시간이 지나면서 공간에서 가능한 모든 상태를 왔다 갔다 한다는 사실을 발견했다. 그리고 태양계 또한 이런 시스템에 속한다. 우리는 임의로 태양계의 어떤 상태를 머릿속에 떠올려보고 충분히 오래 기다리기만 하면 언젠가는 그 상태를 실제로 관찰할 수 있게 된다. 그 상태가 물리적으로 가능하기만 하다면 말이다. 언젠가는 토성, 목성 그리고 해왕성이 상당히 정확히 일직선상에 있게 될 것이다. 언젠가는 소행성대에 있는 돌멩이들이 '목성은 바보'라는 글씨를 만들어낼 것이다. 진자와 같은 정규적 시스템은 항상 똑같은 모습만 보인다. 반면에 카오스 시스템은 모든 가능한 현상을 언젠가는 실제로 드러낸다.

이는 지금까지의 모든 상태들이 언젠가는 다시 되돌아오지만 진자운동과 같이 정확히 일치하는 모습으로 나타나는 것이 아니라 근접한 모습으로 나타나리라는 것을 의미하기도 한다. 태양계에 충분한 시간만 허용해준다면 언젠가는 모든 천체들이 지난 금요일 8시 반에 놓여 있던 위치와 거의 정확히 일치하는 위치로 다시 돌아오게 된다. 복잡한 시스템에서 시간의 흐름에 따라 모든 것이 가능하다는 발견은 근대 카오스 이론에서 중요한 기본 개념이었다. 그리고 이런 결론에 이르게 된 것은 앙리 푸앵카레 덕분이다.

오늘날 우리는 우리 태양계의 역학이 실제로 카오스적이라는 사실을 알고 있다. 얼핏 보기에는 행성들이 아주 얌전하게 규칙적으로 태양 주위를 돌고 있다는 생각이 들기 때문에 이 말이 조금 의아하게 들릴 수도 있다. 행성들은 서로를 아주 미세하게만 방해하기 때문에 그렇게 느끼는 것도 무리는 아니다. 각 행성의 움직임은 주로 태양이 끌어당기는 힘에 의해 정해지므로 다른 모든 행성들을 배제하고 그냥 이체문제로 계산할 수도 있다. 하지만 이것이 여덟 개의 행성과 다른 수많은 천체를 거느리고 있는 태양계에 대한 올바른 설명이라고 할 수 있을까?

일정한 시간 동안에는 이런 근삿값이 유효하다고 볼 수 있다. 그런데 언젠가는 카오스가 나타난다. 또 다른 행성들의 방해로 전체 시스템의 움직임이 예측 불가능해진다. 특히 두 개의 천체의 공전 주기가 단순하게 반복되는 리듬에 따르게 되면 문제가 되는데, 이를 공명이라 부른다. 해왕성이 태양 주위를 도는 데 걸리는 시간은 약 165년이다. 이것은 명왕성이 태양을 한 바퀴를 도는 데 걸리는 시간의 정확히 3분의 2에 해당하는 시간이다. 명왕성과 해왕성이 서로 접근하면 육중한 해왕성이 작은 명왕성의 궤도를 조금 변화시킨다. 그리고 불쌍한 명왕성은 태양을 두 바퀴 돌고 나면 또다시 상당히 가까이 다가오는 해왕성과 만나게 된다. 해왕성은 같은 시간에 태양 주위를 정확히 세 번 돌았기 때문이다. 그렇게 방해가 더해져서 초기의 작은 차이가 빠른 속도로 점점 더 커지게 된다.

내행성들의 경우에도 마찬가지다. 우리가 가장 좋아하는 행성인 지구도 여기에 속한다. 특히 태양과 가장 가까운 행성인 수성이 문제를 일으킨다. 수성은 목성과 궤도 공명을 할 수 있기 때문이다. 목성이 주기적으로 끌어당기는 힘이 수성의 궤도를 점점 더 길쭉한 타원형으로 변형하면, 수성은 먼저 금성을, 그다음에는 지구의 궤도를 방해할 것이다.

프랑스 과학자인 자크 라스카르(Jacques Laskar)와 미카엘 가스티노(Mickaël Gastineau)는 태양계의 움직임을 가능한 한 정확하게 예측하기 위해 슈퍼컴퓨터를 사용했다. 오늘날의 측정 정확도로는 행성의 위치를 단지 몇 미터 단위로만 기술할 수 있기 때문에, 그들은 아주 미세하게 다른 초기조건을 가진 수천 개의 시나리오를 계산했다. 이런 방법을 사용하여 앞으로 수십억 년 동안의 행성의 궤도를 예측했지만 대부분 별다른 점은 없었다. 하지만 그중에는 상당히 이목을 끄는 예측들도 있었다. 어떤 경우에는 금성이 태양계 밖으로 내던져지고 수성이 태양과 충돌하기도 하는데, 화성 역시 그렇게 될 수 있다. 수성, 금성, 지구 그리고 화성은 서로 충돌할 수 있으며, 수성과 금성의 충돌이 가장 자주 등장했던 시나리오였다.

그렇다고 걱정할 필요는 없다. 앞으로 수백 년 동안은 절대 그런 일이 일어나지 않을 것이다. 행성 중 하나가 다음 주에 갑자기 왼쪽으로 급커브를 틀어서 행성이 하면 안 되는 행동을 하지는 않을까 걱정하지 않아도 된다. 하지만 수십억 년 뒤 태양계에 얼마나 많은 행성이 남아 있을지는 아무도 예측할 수 없다. 어떤 행성이 현재 몇 미터 더 왼쪽 혹은 더 오른쪽에 위치해 있느냐에 따라 평화로운 궤도 또는 종말론적 충돌이 결정될 수 있다. 행성들의 장기적인 운명은 오늘날의 관점에서는 순전히 우연이다.

앞으로의 움직임을 더 잘 예측하기 위해서는 초기조건을 조금 더 정확하게 측정하는 것이 중요하다는 의견이 있을 수 있다. 그런데 카오스적 역학에서는 유감스럽게도 별로 도움이 되지 않는다. 측정 정확도가 10미터 정도라면 일정한 시간이 지난 후에 어떤 행성의 위치를 10만 킬로미터 정도밖에 정확하게 예측할 수 없다는 것을 의미한다. 초기조건의 정확도를 얼마나 개선해야 동일한 정확도로 두 배 멀리 미래를 내다볼 수 있을까? 그러기 위해서 두 배의 정확도로는 충분치 않다. 시간이 지남에 따라 오류가 기하급수적으로 증가한다면 초기 위치를 마이크로미터(밀리미터의 1,000분의 1) 단위까지 정확하게 측정해야 한다. 이것은 완전히 가망이 없는 일이다. 더 정확한 측정 기술이 있다고 해도 카오스를 막을 수는 없다.

나비효과

초기조건의 차이가 극히 적은 우리 태양계에 관한 두 개의 미래

시나리오를 컴퓨터로 계산해보면 에드워드 N. 로렌즈가 기상 예측을 할 때 알아낸 것과 똑같은 사실을 관찰할 수 있다. 처음에는 두 개의 계산이 잘 일치하지만 언젠가부터 조금씩 오차가 나타나고, 특정한 시점부터는 두 개의 시뮬레이션이 서로 완전히 달라진다.

그래서 가령 아마존강 주변에 사는 나비의 날갯짓으로 인해 3년 후 우리가 사는 곳에 엄청난 폭풍우가 몰려올 수 있다. 나비의 미세한 날갯짓이 없었다면 폭풍우는 나타나지 않았을 것이다. 나비의 날갯짓이 있었던 날씨와 없었던 날씨의 차이는 기하급수적으로 커지다가 어느 순간 두 날씨가 완전히 달라져서 한쪽에는 엄청난 폭풍우가 몰려오고 또 다른 쪽에는 온화한 여름 날씨가 나타난다. 이것이 바로 그 유명한 나비효과다.

그런데 때로는 나비효과가 잘못 이해되기도 한다. 나비의 날갯짓이 날씨의 변화에 영향을 미쳐서 폭풍우가 나타난다고 하더라도 나비가 이 폭풍우를 일으킨 원인이라고 볼 수는 없다. 아무런 힘도 없는 불쌍한 곤충한테 달려들기 전에 나비는 아무런 잘못이 없다는 사실을 이해해야 한다.

나비효과는 눈사태 효과와는 다르다. 눈이 가득 쌓인 경사진 언덕에서 아주 작은 돌멩이를 던지면 이 돌멩이에 눈이 묻어 함께 굴러 내려가는 일이 발생할 수 있다. 점점 더 많은 눈이 뭉쳐서 결국 엄청나게 큰 눈덩이가 골짜기를 따라 굉음을 내며 굴러

떨어져 나무와 집을 덮친다. 이 경우에도 아주 작은 원인이 엄청난 결과를 초래했다. 하지만 눈사태의 경우에는 분명한 원인인 돌멩이가 존재한다. 처음에 이 돌멩이를 던짐으로써 이 돌멩이는 바닥에 그대로 놓여 있던 다른 돌멩이들보다 더 큰 의미를 가지게 되었다. 반면에 나비는 특별한 역할을 맡지 않는다. 나비의 날갯짓이 폭풍우가 나타나도록 했을지는 몰라도, 어떤 연쇄반응의 첫 번째 요소로서가 아니라 단순히 다른 모든 사건들과 결합되었을 뿐이다. 날갯짓은 다른 영향들과 별개의 것이 아니다. 나비는 단지 초기조건의 셀 수 없이 많은 요소들 중 하나였을 뿐이며 이 요소들이 모두 함께 미래를 결정한다.

단 한 표 차이로 당락이 결정된 대통령 선거와 비슷한 경우라고 생각하면 된다. 내가 당선된 후보에게 투표했다면 그 선거에서 결정적인 역할을 했다고 주장할 수 있다. 만약 다른 사람에게 투표했다면 그 후보는 선거에서 패배했을 것이기 때문이다. 그렇지만 다른 투표자들도 모두 똑같이 주장할 수 있다. 최종적인 선거 결과는 모든 사람들이 함께 작용해서 나타난 것이지 내가 특별한 역할을 한 것은 아니다. 다른 사람들의 투표는 모두 고정된 것이고 내 투표만 유동적이라고 간주할 때만 내가 중요한 최종 결정권자라고 주장할 수 있다.

카오스의 경우에도 마찬가지다. 나비는 폭풍우의 원인이 아니다. 나머지 세계를 고정된 것으로 간주하고 가상의 두 번째 버전 세계에서 나비의 날갯짓을 제외할 때만 나비를 폭풍우의 유발자로 볼 수 있다. 하지만 이 경우의 상황은 훨씬 더 복잡하다. 대통령 선거의 경우에는 적어도 내가 투표를 함으로써 어떤 방향으로 영향을 미칠지 알고 있다. 하지만 나비의 경우에는 날갯짓으로 폭풍우를 유발할지 아니면 날갯짓으로 폭풍우를 막을지 전혀 알 수 없다.

모든 것은 서로 연결되어 있다

그렇다면 카오스 이론은 세계에 대한 완전한 정보를 가지고 있고 이를 바탕으로 미래를 예측한다는 라플라스의 악마를 곤경에 처하게 만드는 것일까? 반드시 그런 것은 아니다. 세상의 모든 것은 명백한 규칙에 따라 진행된다는 기본 전제가 카오스 이론으로 인해 사라지는 것은 아니다. 세상은 여전히 엄청나게 복잡한 시계의 톱니바퀴처럼 원인과 결과로 이루어진 시스템이다. 그래서 '결정론적 카오스'라고 부르기도 한다. 세계 전체에 대한 완벽한 지식이 미래에 대한 완벽한 예측을 가능하게 할지도 모른다. 하지만 카오스 이론이 낳은 새롭고 중요한 인식은 거의 완벽한 지식이 거의 완벽한 예측을 위한 충분조건이 되지 않는다는 것이다. 거의 완벽한 지식은 심지어 전혀 쓸모없는 결과를 산출할 수도 있다. 만약 오류가 기하급수적으로 늘어난다면 거의 완벽한 데이터를 가지고 하는 모든 장기적인 예측들은 완전히 무용지물이 될 것이다.

따라서 라플라스의 악마는 정말 한없이 정확하게 일을 해야 할 것이다. 그는 영향을 미치지 않으면서도 상황을 한없이 정확하게 측정할 수 있어야 한다. 이것은 물론 불가능한 일이지만 한번 너그럽게 바라봐보자. 악마는 무한대로 많은 소수점 이하의 숫자들로 이루어진 한없이 정확한 측정 결과를 어떻게든 받아 적고 저장할 수 있어야 한다. 악마가 그렇게 할 수 있다고 가정해보자. 불쌍한 악마가 예측을 할 수 있도록 우주의 특정 부분을 한정해주는 것이 어떨까? 그렇다면 로또 추첨에서 어떤 숫자가 당첨될지 악마가 미리 계산하려면 로또 공이 어지럽게 돌아가고 선택되는 로또 추첨 기계를 한없이 정확하게 분석하는 것만으로 충분할까? 로또 추첨 기계가 설치되어 있는 방송국 스튜디오도 정확히 알아야 하는 것일까? 앞으로 3분 후 로또 공의 움직임을 예측하기 위해서는 어디까지 알고 있어야 하는 것일까? 시내 전체에 대한 완전한 정보를 알고 있어야 하는 것일까? 또는 지구 전체?

불행히도 훨씬 더 심각하다. 중력과 전자기력은 원칙적으로 작용 범위에 한계가 없으며 카오스는 광속도로 확산될 수 있다. 이것이 무엇을 의미하는지 당구공을 예로 들어 추정해볼 수 있다. 강한 충격으로 흩어지게 되는 당구공들이 놓여 있는 당구대는 로또 추첨기와 비슷하다. 당구대는 카오스적인 우연 발생기인 것이다.[6] 당구대 주변의 모든 물체들이 당구공에 미세한 중력을 가하게 되는데 이것만으로도 당구공의 궤도를 방해하기에 충분하다. 당구대 옆에 서 있는 사람은 이 시스템을 이미 강하게 변화시키고 있어서 당구공을 치면 그 사람이 없을 때와는 전혀 다른 방향으로 굴러갈 수도 있다. 따라서 만약 어떤 훌륭한 당구 천재가 당구대에 있는 공들을 힘차게 쳐서 흐트러트린 후 그중 하나가 여러 번 부딪친 뒤 지그재그를 그리며 구멍 안으로 쏙 들어가면, 이것이 원래 의도였다는 그의 말에 넘어가지 말라. 이렇게 되리라 미리 예측할 수 있는 사람은 아무도 없다.

서른 번 또는 마흔 번의 충돌 후에 나타나는 더 복잡한 공의 궤도를 예측하려고 한다면, 달에 있는 돌멩이 하나의 중력도 공의 궤도를 뒤죽박죽으로 만들어버릴 수 있다. 당구공의 궤도가 충분히 카오스적이라면 광속도로 인해 같은 공간 안에서 당구공에 영향을 미칠 가능성이 있는 모든 물체를 계산에 넣어야 한다. 로또 추첨의 경우에도 마찬가지다. 당신이 로또 추첨 두 시간 전에 복권을 사서 결과를 예측하려고 한다면 반경 20억 킬로미터 내에 있는 모든 물체들을 정확히 알고 있어야 한다. 이것은 두 시간 내에 신호가 광속으로 우리에게 도달할 수 있는 범위다. 이 범위에는 내행성인 수성, 금성, 지구 그리고 화성이 속하고 소행성대, 목성과 토성 그리고 당연히 태양도 속한다. 따라서 라플라스의 악마는 정말 엄청난 노력을 해야 한다. 단 하나의 행성이라도 잊으면 그의 모든 노력이 헛수고로 돌아갈 것이다.

따라서 카오스 이론을 통해 중요한 교훈을 얻을 수 있다. 바로 모든 것은 서로 연결되어 있다는 사실이다. 우리는 세계를 편리하고 한눈에 파악하기 쉬운 부분 체계로 나누는 데 익숙해져 있다. 독일 바이에른 주에서 전동기를 조립하는 사람은 부에노스아이레스의 날씨가 그런 작업을 하기에 적합한지 아닌지는 생각하지 않는다. 우리 집 세탁기의 탈수 모드가 힘차게 작동하기 시작하는 것은 아프리카의 코끼리와 아무런 상관이 없다. 우리는 모든 일을 서로 분리해서 바라보며, 그렇게 하는 것이 좋다. 하지만 그렇다고 해도 실제로는 세계 전체가 원인과 결과로 이루어진 촘촘한 망이기 때문에 결코 간단한 부분으로 나누어질 수 없다는 사실에는 변함이 없다. 나비가 폭풍우 몰려오는 것에 관여하듯이 화성의 운석 충돌도 우리의 삶을 완전히 뒤바꿔놓을 수 있다. 물리학적 관점에서 봤을 때 모든 발걸음, 모든 호흡, 모든 눈 깜빡임 하나하나가 인류 역사의 흐름을 완전히 바꿔놓을 수 있다.

이것을 알고 있다고 해서 실질적인 이득을 보는 것은 아니다. 우주에 있는 모든 것들이 논리적으로 서로 연결되어 있다고 해서 말레이시아에 있는 나비를 공부하면 목성에서 일어나는 폭풍에 대해 배울 수 있다는 뜻은 아니다. 그리고 우리가 카오스적으로 확산되는 작은 원인들을 이용해서 미래에 의도적인 영향을 끼칠 수 있는 가능성은 전혀 없다. 우리가 하는 모든 일들, 또는 하지 않는 모든 일들은 우주에 있는 다른 모든 것에 영향을 미칠 수 있다. 그렇지만 그것은 그저 우연히, 예측할 수 없이 그리고 무계획적으로 이루어질 뿐이다.

당신의 머리를 한번 살짝 쳐보자. 해보았는가? 어쩌면 우리의 카오스적인 세계에서 당신이 지금 머리를 살짝 침으로써 20년 후 어떤 작은 소녀가 끔찍한 자전거 사고를 당할 수도 있었는데 다행히 제때 브레이크를 잡아 가벼운 무릎 부상 정도에 그치도록 했는지도 모른다. 그리고 어쩌면 그 소녀는 15년 후에 끔찍한 통치자가 되어서 지구의 많은 부분을 폭력으로 물들일지도 모르는 일 아닌가? 그리고 당신이 다시 한 번 머리를 치면 그녀가 대학에 입학하기로 결심하고, 세계의 지배자가 아니라 국제적으로 유명한 생물학자가 되어 이 세상에서 질병을 영원히 퇴치하는 데 기여하게 될 수도 있지 않을까?

우리가 무슨 일을 하든지 간에 우리는 매 순간 어떤 결정을 내림으로써 미래를 엄청나게 바꿔놓는다. 사실은 상당히 좋은 일이다. 우리의 작은 손짓 하나가 역사의 흐름을 바꾸고, 우리의 호흡 하나가 이 세상에 일어날 일들의 수많은 원인 중 하나가 된다. 심지어 우리가 더 이상 이 세상에 존재하지 않는 순간에도 말이다. 그리고 우리 옆의 잔디밭에 앉아 있는 나비들도 모두 우리와 똑같은 힘을 지니고 있다.

결국에는 무질서가 승리한다

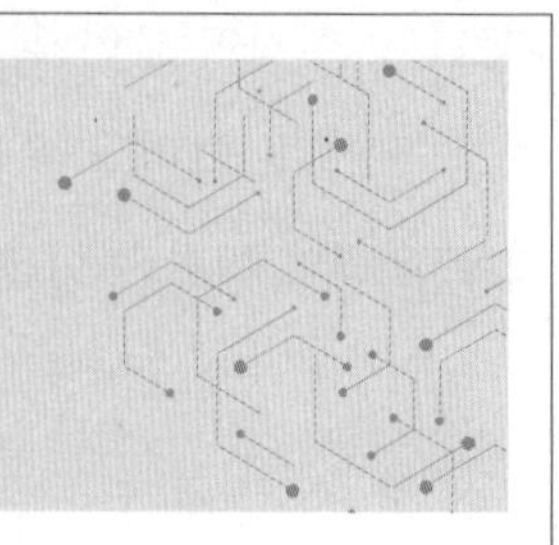

깨진 커피 잔, 시간의 방향 그리고 우주를 떠다니는 외로운 뇌:
우연과 엔트로피 없이는 어제와 내일의 차이도 존재하지 않는다.

내 커피 잔에서 따뜻한 김이 예측할 수 없는 모양으로 모락모락 피어오른다. 커피는 천천히 식어가고 주위의 공기는 따뜻해진다. 그런데 내가 갑자기 실수로 커피 잔을 툭 쳐버리자 커피 잔은 책상 위에서 빙글빙글 돌더니 결국 책상에서 떨어지면서 커피를 사방에 흩뿌린다. 잔은 바닥에 부딪쳐 산산조각이 나고 커피는 카펫에 스며든다.

이때 짜증을 내면서 바닥 위에 흩어진 잔해들을 치우고 카펫에 묻은 얼룩을 어떻게 지워야 할지 생각하면서 다음과 같이 물리학적으로 상당히 심오한 질문을 떠올려볼 수 있다. 왜 이와 정반대의 경우는 절대 일어나지 않는 것일까? 커피 잔은 깨지면서 산산조각이 되어버리는데 왜 산산조각은 절대 커피 잔이 되지 않는 것일까? 카펫 위에 뜨거운 커피를 뿌리면 카펫의 온도는 높아진다. 하지만 반대로 카펫을 차갑게 만들어도 잔에 든 커피의 온도는 절대 올라가지 않는다.

이것은 조금 진부하게 들릴 수 있는 얘기지만 사실은 아주 중요한 문제다. 안타깝게도 어떤 일들은 절대 돌이킬 수 없다. 실수로 햄스터를 깔고 앉아버린 적이 있는 아이라면 누구나 알 것이다. 그 뒤에는 물리학의 매우 기이한 수수께끼 하나가 숨어 있다. 바로 시간의 존재에 대한 질문이다. 그리고 이 질문은 우연의 본성과 아주 밀접하게 관련되어 있다.

우리가 원하든 원하지 않든 간에 우리는 과거에서 미래로 향하는 지속적인 시간 여행 중에 있다. 우리는 공간 안에서 상당히 자유롭게 움직일 수 있으며 왼쪽으로 움직이나 오른쪽으로 움직이나 근본적인 차이는 없다.[7] 우리는 원하는 방향으로 움직이고 되돌아서 다시 원래 있던 장소로 돌아올 수 있다. 하지만 과거로 몇 발짝 갔다가 다시 돌아오는 것은 불가능하다. 공간 차원과 달리 시간축은 근본적으로 아주 비대칭적이다. 시간의 흐름 속에서 우리는 늘 가차 없이 한쪽 방향으로만 휩쓸려 가고 그 어떤 저항도 소용없다.

라플라스의 악마를 떠올려보면 이것은 전혀 당연한 것이 아니다. 만약 우주가 정말로 단순히 인과관계로 이루어진 폐쇄적인 망이라면 어제와 내일의 차이는 중요하지 않다. 따라서 현재에 과거를 재구성할 수 있는 것과 마찬가지로 미래를 예측해낼 수 있다. 이렇게 보면 라플라스의 악마에게는 우리가 지금 시간축의 어느 지점에 있든 전혀 상관없을 뿐만 아니라 시간이 앞으로 흐르든 뒤로 흐르든 전혀 상관없다. 현재에서 미래를 예측하거나 미래에서 과거를 유추해볼 수 있으며, 이는 원칙적으로 모두 같은 것이다.

물리학의 기본 방정식은 수학적으로 봤을 때 시간이 앞으로 흐르든 뒤로 흐르든 차이가 없다. 원자력이든 전자기력이든 중력이든 상관없이 어떤 것이 앞으로 진행할 수 있으면 물리학의 법칙은 원칙적으로 시간적 역행도 허용한다.

어떤 당구공이 왼쪽에서 굴러와서 벽에 부딪치고 오른쪽으로 계속 굴러간다. 이런 일은 물리적으로 시간의 역순으로도 가능하다. 그러면 오른쪽에서 공이 굴러와서 벽에 부딪치고 왼쪽으로 굴러간다. 또는 어떤 원자가 빛을 흡수하고 그 전자 중 하나는 이전보다 더 많은 에너지를 갖게 된다. 이를 시간 역순으로 진행해보면 원자의 전자가 에너지를 잃고 빛을 발산하는 것을 볼 수 있고, 이것은 물리학적으로 봤을 때 별 문제가 없다.

앞으로 흐르는 시간과 뒤로 흐르는 시간의 대칭은 자연법칙에 잘 나타나 있다. 그럼에도 불구하고 우리는 과거를 기억하지, 미래를 기억하지는 않는다. 우리는 나이가 들 뿐 절대 젊어지지 않는다. 태어나서 살아가다가 죽음을 맞이할 뿐 절대 그 반대의 일은 일어나지 않는다.

바닥에 떨어져 깨진 조각들이 합체해서 커피 잔이 되어 식탁 위로 뛰어오르는 일은 왜 절대로 일어나지 않는 것일까? 이것은 에너지와 관련되어 있기 때문이라고 생각할 수 있다. 흩어진 파편들을 한 군데 모으는 것은 몹시 힘든 일이고, 바닥에 떨어져 있는 커피 잔을 다시 식탁 위로 올라가게 하려면 상당히 많은 에너지를 투입해야 한다. 하지만 그것은 여기에서 별로 중요한 역할을 하지 않는다. 커피 잔이 떨어지고 산산조각이 날 때 에너지가 사라진 것이 아니라 단지 다르게 분배되었을 뿐이다. 그 전에 커피는 뜨겁고 카펫은 차가웠다. 그런데 이제 카펫의 털은 흡수한 커피와 같은 온도가 되었다. 식탁 위에 놓여 있었을 때 커피 잔은 잠재적인 에너지를 가지고 있었다. 이제 에너지는 낮아졌고, 그 대신 잔이 떨어졌을 때 바닥에 진동이 일어났으며, 이런 진동은 진동에너지를 지니고 있다. 커피 잔이 깨질 때 분자들 간의 결합을 끊기 위해 에너지를 소모해야 했다. 음파가 생성되었고 그 에너지는 벽에 흡수되었다. 바닥에 떨어지기 전 커피 잔의 에너지는 현저히 작은 부분에 집중되어 있었는데, 이제는 방 전체에 흩어졌지만 사라진 것은 아니다.

바로 이것이 결정적인 부분이다. 어떤 것이 흩어지면 다시 잘 분류된 원래의 상태로 쉽게 돌아가지 못한다. 우연은 정돈된 것을 섞어버리고 분류된 것을 혼합하며 정리된 것을 뒤죽박죽으로 만들어버리는 경향이 있다. 바로 그렇기 때문에 시간은 방향을 가지고 있고, 바로 그렇기 때문에 과거와 미래의 차이가 있는 것이다. 현대 열역학의 아버지인 물리학자 루트비히 볼츠만(Ludwig Boltzmann)은 이것을 이미 일찌감치 알아차렸다.

거시적 관점과 미시적 관점

루트비히 볼츠만은 당대의 위대한 물리학자 중 한 명이었다. 그는 19세기 말에 빈 대학교에서 연구하면서 원자의 행동에 주목했다. 당시에는 원자의 존재 여부 자체에 대한 논쟁이 끊이지 않았다. 화학자들은 원자 개념을 통해 특정한 성분이 항상 특정한 양의 비율로 서로 반응한다는 것을 설명할 수 있었지만 물리학적으로 봤을 때 물질이 아주 작은 입자로 이루어졌다는 것을 아직 완전히 증명할 수 없었다. 루트비히 볼츠만의 막강한 동료였던 에른스트 마흐(Ernst Mach)는 증명되지 않은 원자주의에 대한 조롱의 말을 내뱉곤 했다. 물리학은 우리가 확실히 경험을 통해 알고 있는 것들만 대상으로 해야 한다는 것이 마흐의 입장이었다. 눈에 보이지 않는 작은 입자들은 그의 고려 대상이 아니었다. 누군가 마흐에게 원자에 대한 얘기를 꺼내면 그는 "원자를 눈으로 보신 적이 있습니까?"라는 냉소적인 질문으로 받아쳤다고 한다.

하지만 루트비히 볼츠만은 자신의 생각을 굽히지 않았다. 오늘날의 관점에서 보면 볼츠만이 원자에 대해 갖고 있던 생각은 지나치게 단순했다. 볼츠만은 서로 충돌하고 튕겨 나가는 작은 입자들이 아주 작은 고무공과 같다고 생각했다. 오늘날 우리는 원자가 훨씬 더 복잡하며 원자 자체가 내적인 구조를 가지고 있다는 것을 알고 있지만 볼츠만은 아무래도 상관없었다. 그의 목표는 원자의 도움으로 더 큰 물질들을 설명하는 것이었다. 예를 들면 용기 안에 든 가스의 움직임 같은 것이었다.

우리 일상에서 일어나는 대부분의 실질적인 문제에서 원자는 별달리 중요한 역할을 하지 않는다. 우리는 가스 용기를 다룰 때 그 용기 안에 셀 수 없이 많은 입자들이 돌아다니며 서로 충돌하고 있다는 것까지는 생각하지 않는다. 그보다는 가스의 온도라든가 압력과 같이 측정할 수 있는 수치에 더 관심을 갖는다. 이런 수치들은 우리가 가스 용기를 만져도 화상 위험이 없는지, 그리고 용기에 가스를 조금 더 주입하면 폭발하게 될지를 알려준다. 얼핏 보기에는 이런 수치가 원자와 무슨 상관이 있는지 분명치 않다.

볼츠만의 위대한 업적 중 하나는 두 개의 세계를 하나로 합쳤다는 것이다. 가스 용기, 요리 냄비 그리고 전기 플레이트와 같은 물체에 대한 거시적 시각과 원자 및 분자와 같은 것에 대한 현미경적 시각이다. 가스가 뜨거우면 그것은 입자가 평균적으로 더 빠른 속도로 움직인다는 것을 의미한다. 그리고 용기 안의 압력이 높으면 그것은 용기 안에 많은 가스 입자들이 가둬져 있어서 그 입자들이 계속해서 용기 내벽에 부딪친다는 것을 의미한다.

압력 및 온도와 같은 개념들은 많은 양의 입자들을 동시에 바라볼 때에만 의미가 있다. 용기에 들어 있는 1,000조 개 입자의 속도를 알면 약간의 통계학적 계산을 통해 가스의 온도를 알아낼 수 있다. 하지만 우리가 그 온도를 안다고 해서 지금 이 순간 용기 한가운데를 돌아다니는 어떤 특정한 원자의 속도를 알 수는 없다. 그리고 특정한 원자의 온도를 묻는 것은 아무런 의미가 없다. 각각의 입자는 속도를 가지고 있지만 온도는 가지고 있지 않다. 각각의 뇌세포가 생각을 갖고 있지 않고, 각각의 알파벳이 결코 어떤 이야기를 담고 있지 않은 것과 같은 이치다.

그렇지만 물리학적으로 봤을 때 기이한 입자들의 충돌이 연이어 일어나다 보면 아주 우연히 어떤 특이한 상태가 나타날 수 있다. 예를 들어 국회 회의장 내의 공기 분자들이 모두 동시에 위로 움직여 천장 바로 밑에 모일 수 있다. 회의장 아래쪽의 공기압력이 0으로 떨어져서 불쌍한 국회의원들은 숨이 막힐 것이다. 자연법칙에서 이런 일이 일어나지 말라는 법은 없다. 언제든지 일어날 수 있는 일이다. 다만 그런 일이 일어날 가능성은 극히 희박하다.

커다란 회의실에 약 10^{29}개의 입자들이 떠다닌다고 가정해보자. 이것은 1에 0이 29개 붙은 숫자만큼의 입자들이다. 이런 입자들은 상상할 수 없을 정도로 많은 방식으로 회의실에 분포할 수 있다. 모든 입자들이 한순간에 전부 회의실 천장 쪽으로 모여들어서 아래쪽에 앉아 있는 국회의원들의 숨이 막힐 가능성은 얼마나 될까? 입자가 10^{29}개일 때 모든 원자들이 어떤 공간의 맨 위쪽 6분의 1 구역에 동시에 모여들 가능성은 주사위를 10^{29}번 던졌을 때 계속해서 6이 나올 확률과 같다. 당신이 아무리 시도해봤자 성공하지 못할 것이다.[8]

가능성이 얼마나 미미한지는 상상하기 힘들다. 그렇다면 이렇게 한번 비교해보자. 모자에 담겨 있는 알파벳 카드를 임의로 뽑아서 우연히 선택된 알파벳으로 글을 써야 한다고 가정해보자. 이렇게 해서 의미 있는 글이 완성될 가능성은 극히 적다. 첫 번째 페이지에서 마지막 페이지까지 올바른 철자로 된 완전한 책 한 권을 만들 수 있다고는 상상하기 힘들다. 그럼에도 불구하고 이런 식으로 수십억 번 반복하다 보면 모자에서 우연히 꺼낸 알파벳 카드로 영국 국립도서관에 있는 모든 책들을 제대로 만들어낼 수 있는 가능성이 공기 입자들이 우연히 회의장의 맨 위쪽 6분의 1 구역에 모여들 가능성보다 높다.

우리는 그런 일은 절대 일어나지 않으리라 확신하며 말할 수 있다. 공기가 어떤 공간에 골고루 잘 분포되어 있으면 앞으로도 계속 그럴 가능성이 아주 높다. 우리는 어떤 공간에서 원자들이 질소는 오른쪽으로, 산소는 왼쪽으로와 같은 식으로 얌전하게 분류되거나 아주 우연히도 에너지가 많은 입자들은 모두 화장실로 날아가버리고 우리가 머무는 침실에는 에너지가 없는 입자들만 남아서 화장실의 온도는 올라가고 침실의 온도는 내려가는 일을 관찰할 수도 없을 것이다. 어떤 것이 잘 섞여 있으면 계속 잘 섞여 있는 상태로 머물며, 물리학의 기본 법칙상 이론적으로는 가능하다고 해도 즉흥적으로 분리되지 않는다.

그런데 우리가 뒤섞인 상태가 아니라 잘 분류된 초기 상태에 놓여 있다고 한다면 어떤 일이 일어날까? 우리가 똑같은 크기의 가스 용기 두 개를 가지고 있다고 가정해보자. 하나는 가득 찼고 다른 하나는 완전히 비었다. 이제 용기 두 개를 호스로 연결하면 가득 차 있던 용기에 들어 있는 가스가 빈 용기 쪽으로 이동해서 두 용기 안에 들어 있는 입자의 양은 비슷해진다. 물리학은 모든 입자들이 그냥 얌전히 가득 찬 용기 안에 남아 있는 것을 허용할 것이다. 원자들은 그냥 우연히 서로 충돌할 뿐이며 입자들이 어떤 특정한 방향으로 이끌려 가는 근본적인 자연의 힘은 존재하지 않는다. 그럼에도 불구하고 가득 찬 용기에서 빈 용기로 빨려 들어가는 듯한 이동이 발생한다. 각 입자의 움직임은 우연에 의해 결정되지만 전체적으로 일어나는 작용은 우연과는 거리가 멀다. 흘러나오는 가스에 손을 대보면 입자들의 우연한 충돌이 어떤 방향으로 움직이는지 정확히 느낄 수 있다. 이를 우연의 힘이라고 부를 수 있다.

그리고 여기서 루트비히 볼츠만이 합치시킨 세계를 바라보는 두 가지 관점이 다시 등장한다. 바로 입자를 다루는 미시적 관점과 전체 체계를 바라보는 거시적 관점이다. 이 전체 체계를 '압력'이나 '온도'와 같이 전혀 다른 개념이나 '균등하게', '정연한' 또는 '혼합된'과 같은 단어로 설명한다.

우리가 가스를 미시적인 영역에서 바라보면 모든 입자들이 머무는 곳과 속도를 아주 정확하게 기록함으로써 가스의 상태를 정의할 수 있다. 이것은 가스의 '미시적 상태'다. 입자들이 우연히 마구 섞여서 빠르게 움직이면 이런 모든 미시적 상태는 똑같이 가능하다.

더 큰 단계에서 우리는 상태를 다르게 설명한다. 우리는 가스 용기의 압력 및 온도와 같은 물리적 크기를 측정하고 그 결과를 '거시적 상태'라고 부른다. 거시적 상태와 미시적 상태는 같지 않다. 어떤 특정한 거시적 상태에 여러 가지 미시적 상태가 속할 수 있다. 어떤 입자가 자신의 위치를 아주 조금만 바꾸면 가스의 상태는 미시적 영역에서는 다른 상태지만 전체적으로 봤을 때는 동일한 상태이며, 측정을 해도 눈에 띄는 차이가 보이지 않는다.

그렇기 때문에 모든 거시적 상태가 다 똑같이 가능한 것은 아니다. 더 많은 미시적 상태가 이 거시적 상태에 속할수록 더 많이 볼 수 있을 것이다. 이것은 과녁을 향해 화살을 쏘는 것과 비슷하다. 가장 바깥쪽에 있는 원을 맞출 수 있는 가능성은 여러 가지다. 화살이 조금 왼쪽이나 오른쪽으로 가더라도 별로 중요하지 않다. 그렇다고 해도 가장 바깥쪽 원에 들어간다. 이에 반해 정중앙에 있는 검은색 원을 맞출 수 있는 가능성은 많지 않다. 어떤 방향으로든 조금만 빗나가도 결과가 달라진다. 거시적 상태의 '명중'에는 아주 소수의 미시적 상태만 속한다. 그렇기 때문에 이런 결과는 드물고 흔히 볼 수 없는 것이다.

우리가 '질서' 또는 '무질서'라고 부르는 것도 마찬가지다. 물리적으로 가능한 모든 상태에서 질서보다는 무질서가 더 흔하게 나타난다. 가스 입자들을 왼쪽 용기 안에 잘 정리해서 넣을 수 있는 가능성보다는 두 개의 용기에 똑같이 어지럽게 흩어진 상태로 넣을 수 있는 가능성이 훨씬 더 많다. 우연이 무작위로 어떤 상태를 선택한다면 분명 무질서한 것을 선택할 것이다.

따라서 존재하는 우연의 가능성의 수가 중요하다. 그리고 바로 그 수를 측정하기 위해서 루트비히 볼츠만은 새로운 물리학 개념인 엔트로피를 도입했다.[9]

시간과 엔트로피

엔트로피가 무엇인지는 상상하기 힘들지만 결정적인 특징은 아주 간단하다. 열역학의 법칙에 따라 항상 일정해야 하는 에너지와 달리, 엔트로피는 닫힌 시스템에서 계속해서 증가한다. 이것이 열역학 제2법칙이다.[10] 이 법칙은 물리학에서 아주 중요한 의미를 갖는다. 그것이 시간의 방향을 결정하기 때문이다. 엔트로피가 증가하는 곳에 미래가 있다. 과거에는 엔트로피가 낮았다. 한 가지 방향으로만 진행되고 절대 거꾸로 되돌아가지 않는 모든 프로세스들은 엔트로피와 관련이 있다. 어떤 영화를 거꾸로 재생해서 보여주면 우리는 그것을 재빠르게 감지한다. 설령 한 번도 엔트로피에 대해 생각해본 적이 없다 할지라도 인생의 경험을 통해 높은 엔트로피와 낮은 엔트로피에 대한 감각을 지니고 있기 때문이다.[11]

새빨간 물감 한 방울이 물이 담긴 유리잔에 떨어진다. 색깔이 점점 퍼지고 흐릿한 줄무늬가 생기다가 마침내 물이 균일하게 붉은빛으로 물드는 것을 볼 수 있을 것이다. 반대로 물에 흩어진 붉은색이 선명한 빨간색 물감 한 방울로 농축되는 현상은 절대 볼 수 없다. 그 이유는 물감과 물이 섞일 때 엔트로피가 증가하기 때문이다.[12]

붉은 액체가 갑자기 분리되는 동영상을 보면 우리는 곧장 뭔가 이상하다는 의심을 갖게 된다. 또한 연기가 불꽃 속으로 빨려 들어가고, 그 불꽃이 장작 속으로 들어가는 것을 보면 누군가 영상을 거꾸로 틀었을 것이라고 생각하게 된다. 여러 가지 물질들이 섞이고 균일하게 나눠질 때마다, 처음에는 깨끗하게 정리되어 있던 것이 혼돈스럽게 섞일 때마다, 그리고 규칙적이었던 구조가 결국 해체될 때마다 우리는 이곳에 엔트로피가 증가했다는 것을 곧장 알아차린다.

그렇지만 무거운 추가 계속해서 진동하는 장면을 촬영하면 얘기가 달라진다. 이 영상은 앞으로 돌리나 뒤로 돌리나 거의 같아 보인다. 이 프로세스에서는 엔트로피가 실질적으로 동일하게 유지되기 때문이다. 이런 경우에는 시간의 방향이 별로 중요한 역할을 하지 않는다.

굴러가서 서로 부딪쳤다가 다시 튕겨 나가는 당구공의 경우도 마찬가지다. 즉, 영상을 뒤로 돌리나 앞으로 돌리나 차이가 없어 보인다. 하지만 당구 동영상을 조금 더 오래 지켜보면 시간의 방향이 맞는지 아닌지를 곧 알아차릴 수 있다. 우리는 당구공이 점점 느려지다가 결국 멈춰서는 것을 기대한다. 가만히 있던 당구공이 갑자기 다른 당구공을 향해 다가가는 것은 이상하게 느껴진다. 그것은 바로 당구공이 멈출 때 엔트로피가 관여했기 때문이다. 당구공의 운동에너지는 마찰로 인해 감소하고 결국 열로 전환된다. 처음에 각 당구공이 갖고 있던 에너지가 당구대 전체에 골고루 퍼지면서 엔트로피가 증가한다. 마지막에는 열역학 제2법칙이 다시 승리를 거둔다.

이 자연법칙은 조금 혼란스럽다. 이 법칙은 대부분의 자연법칙과 다른 성격을 갖고 있기 때문이다. 평균적으로 유효하고 단지 통계적인 법칙이다. 자연은 반드시 이 법칙을 따를 필요는 없지만 실제로 이 법칙을 따르고 있다. 사과가 나무에서 떨어지면 중력 때문에 지표면 방향으로 끌어당겨지고 이때 다른 선택의 여지는 없다. 만약 두 개의 전자를 나란히 배치하면 서로 밀어내어 서로에게서 멀어진다. 이것은 예외 없이 매번 일어나는 일이다. 엔트로피가 증가하면 일은 조금 더 복잡해진다. 열역학 제2법칙이 아주 작게나마 훼손될 수 있다. 서로 연결된 두 개의 가스 용기에 단지 스무 개의 원자만 가둬놓으면 우연히 스무 개 모두가 왼쪽 용기로 옮겨 가는 일이 일어날 수 있는데, 이것은 마치 엔트로피가 감소한 것처럼 보일 수 있다. 하지만 더 큰 시스템에서는 엔트로피 감소를 절대 볼 수 없다. 있을 수 있는 일이지만 그럴 가능성은 거의 없다.

바닥에 떨어져 깨진 파편들이 갑자기 위로 솟구쳐 올라 커피 잔으로 합쳐지고, 카펫 섬유에 스며든 커피가 우아하게 커피 잔으로 쏙 들어가 결국 내 책상 위에 따뜻한 커피가 담긴 커피 잔이 올라오는 일은 사실 물리학의 기본 법칙에 위배되는 것은 아니다. 이렇게 되기 위해서는 바닥에 있는 셀 수 없이 많은 원자들이 정확한 방법으로 에너지를 파편으로 이동시켜 파편들이 위로 움직일 수 있도록 만들어야 한다. 그리고 이 모든 파편들의 궤도가 서로 정확히 일치해서 정확한 각도로 정확한 위치에서 정확한 순서로 만나야 한다. 공기 중에 있는 방해물질들은 파편들이 분자 차원에서 다시 결합될 수 있도록 제때 길을 비켜줘야 한다.

이런 모든 일은 불가능한 것은 아니지만 절대 일어날 수 없을 정도로 비정상적이고 있음 직하지 않은 일이다. 빅뱅 이후 몇십억 년보다 앞으로 우주가 더 오래 존재하고, 우리가 커피 잔을 대량으로 생산해서 언젠가는 커피 잔이 합쳐지는 것을 관찰할 수 있으리라 기대하며 끊임없이 잔을 바닥에 떨어트린다 해도, 그럴 가능성은 정말 가소로울 정도로 미미하다.

정리는 반드시 가능하다

그렇지만 우리는 질서를 만들 수 있다. 이것은 엔트로피 증가의 법칙에 위배되지 않는다. 내가 어제 저녁에 우연히 무질서하게 바닥에 떨어트린 과자 부스러기들을 주우면 바닥 위의 과자 부스러기 엔트로피가 감소하지만, 이렇게 할 수 있는 이유는 내 몸이 동시에 영양소를 태워버리기 때문이다. 내가 어제 먹은 과자는 내 위장 안에서 상당히 무질서한 것으로 분해되고, 동시에 나는 내 체온으로 주위를 따뜻하게 만들고 공기 중의 분자들을 뒤죽박죽으로 만들며, 숨을 쉴 때마다 엄청난 무질서를 주위에 퍼트린다. 내가 이때 만들어내는 엔트로피는 너무나 커서 이와 비교했을 때 과자 부스러기의 미미한 엔트로피 감소는 너무나 사소한 것이다.

우리는 뭔가 질서 정연한 것을 만들어내려고 노력할 때마다 동시에 다른 곳에서 무질서를 만들어낸다. 그렇기 때문에 엔트로피의 총계를 생각할 때는 엔트로피가 전체적으로 증가하는 닫힌 시스템과 관련된 것인지 아니면 과자 부스러기가 있는 바닥과 같이 열린 시스템을 분석하는 것인지 주의해야 한다.

우주의 특정한 곳에 질서가 증가하는 것은 특별한 일이 아니다. 정원의 평범한 오물이 나무가 된다. 지저분한 광석을 녹여 금속이 만들어지고 결국 아름답고 일정한 형태를 갖춘 액세서리가 된다. 원시 수프와 첫 단세포 그리고 우리에 이르기까지 우리 행성에서 일어난 모든 진화는 끊임없이 구조를 만들어내는 과정으로 볼 수 있다. 단순한 것에서 복잡한 것이 생겨났고 혼란스러운 무질서에서 잘 정돈된 질서가 만들어졌다. 이것은 증가하는 엔트로피의 법칙과 어떻게 어울릴 수 있을까? 실제로 진화론이 거짓이고 죄를 짓는 것이며 악이라고 여기는 사람들이 있고, 그들은 이에 관한 논쟁에서 뱀파이어를 쫓는 사람이

십자가를 꺼내듯이 열역학 제2법칙을 끄집어내곤 한다. 비과학적인 사고를 하는 사람들이 과학 이론을 논박하기 위해 과학의 법칙을 이용하는 것은 어떻게 보면 독창적이기는 하지만 그렇다고 해서 그들의 주장이 옳은 것은 결코 아니다.

우리 지구는 닫힌 시스템이 아니다. 만약 질서가 생긴다면 그것은 외부에서 에너지가 들어오고 나가기 때문이다. 내 책상 밑에 떨어진 과자 부스러기를 치울 때와 마찬가지다. 우리 행성의 경우 이런 에너지는 대부분 태양으로부터 온다. 태양이 더 이상 존재하지 않는다면 우리가 지구 모든 곳에서 볼 수 있는 질서 있는 구조를 더 이상 보지 못할 것이다. 생명체는 멸종될 것이고 건물들은 자갈과 모래로 허물어질 것이다. 지구는 빙하로 뒤덮이고 모래사막으로 황폐해지고 상당히 무질서해 보일 것이다. 그리고 언젠가는 아주 높은 엔트로피를 지닌 일종의 균형 상태에 도달해서 더 이상 많이 변하지 않을 것이다.

그러한 행성에서는 시간이 더 이상 큰 의미를 지니지 않을 것이다. 수천 년마다 한 번씩 순찰 비행 중에 얼어버린 지구를 지나가는 외계 방문자들은 매번 비슷한 것을 보게 될 것이다. 밤과 낮, 계절, 발전, 성장과 변화가 없는 죽은 지구를 말이다. 엔트로피가 더 이상 증가하지 않는 곳에서는 시간의 흐름도 더 이상 느낄 수 없다.

우주에 있는 다른 모든 별들과 마찬가지로 태양도 언젠가 실제로 소멸할 것이다. 우리가 오늘날 보는 모든 질서와 모든 구조는 언젠가는 사라질 것이다. 태양은 수소로 된 연료를 다 소진하고 나면 팽창해서 지구 표면을 녹여버리거나 아니면 우리가 가장 사랑하는 행성을 곧장 집어삼켜버릴 것이다. 별들은 언젠가 소멸할 것이고 때로는 충돌하며 점점 더 많은 블랙홀들을 만들어낼 것이다. 블랙홀들도 상상할 수 없이 긴 시간 동안 증발해서 결국에는 방사선과 별것 아닌 소립자 몇 개만 남게 될 것이다. 언젠가는 엔트로피가 최대치에 이르러 더 이상 아무 일도 일어나지 않게 된다. 그러면 우주의 에너지는 균일하게 분포되어 시간이 앞으로 흐르는지 뒤로 흐르는지 더 이상 말할 수 없으며 어떤 변화나 발전도 일어나지 않는다. 이를 '우주의 열적 죽음'이라고 부른다.[13]

다행히 우리는 이런 지구의 종말로부터 아직 멀리 떨어져 있다. 아직까지는 엔트로피가 아주 가시적으로 증가하고 있으며 그것은 잘된 일이다. 어쩌면 우리는 우리 주위의 무질서를 너무 부정적으로 바라보는 것일 수도 있다. 우리는 평생 동안 엔트로피에 맞서 싸움을 벌인다. 엔트로피로 인해 희생된 신체세포를 대체하기 위해 영양분을 섭취한다. 차고 앞에 떨어져 있는 낙엽을 치우고 양말을 정리하고 창문을 닦는다. 통계물리학의 법칙에 따라 창문이 다시 가차 없이 더러워질 것을 알면서도 말이다. 우리는 나이가 들고 피부를 무질서하게 만드는 주름과 검버

섯을 발견하면 속상해한다. 그러나 우리는 언젠가 엔트로피에 대항한 싸움에서 패배하여 죽고, 매장되어 미생물들에 의해 분해되거나 화장되어 우리를 구성하던 원자들이 굴뚝을 통해 공기 중으로 날아가 전 세계에 퍼진다. 이보다 더 큰 엔트로피 증가는 상상할 수 없을 정도다.

그럼에도 불구하고 엔트로피는 우리의 친구다. 엔트로피가 없다면 시간 감각, 발전, 삶 그리고 재미가 없을 것이다. 엔트로피를 통해서 비로소 어제와 내일의 차이가 생긴다. 엔트로피와의 싸움에서 이미 패한 사람만이 엔트로피와의 싸움을 피해 갈 수 있다. 숨을 쉬고 혈액이 돌고 책을 읽는 사람은 끊임없이 질서를 만들어내고 새로운 구조를 만들어내고 있는 것이다. 이렇게 할 수 있는 사람은 어쨌든 이 우주에서 가장 강력하고 가장 흥미진진하고 가장 복잡한 대상에 속한다. 우리는 이를 기쁘게 받아들여야 마땅하다.

누가 처음에 질서를 만들었는가?

아주 중요한 문제가 아직 남아 있다. 엔트로피가 계속 증가한다면 엔트로피는 왜 처음에 그렇게 낮았던 것일까?

주사위 200개를 모두 다 6이 위로 보이도록 커다란 상자에 담아서 자전거에 매달아 달리다 보면 얼마 지나지 않아 상자 안의 엔트로피가 증가했다는 것을 알 수 있다. 한동안은 상자 안에 있는 많은 주사위들이 여전히 6이 위에 보이겠지만 한참 동안 울퉁불퉁한 길을 달려가다 보면 언젠가 카오스적인 균형 상태가 만들어지게 된다.

상자 안의 주사위들은 처음에 누군가가 아주 심혈을 기울여 정리했을 것이다. 놀라울 정도로 낮은 엔트로피 상태인 것이다. 우리의 우주도 이와 마찬가지로 어느 시점에는 극히 낮은 엔트로피 상태였을 것이다. 그렇지 않다면 오늘날 엔트로피가 이처럼 끊임없이 급속하게 증가할 수 없을 것이다. 누가 그랬을까? 누가 처음에 질서를 만들었을까?

이에 대해 가능한 답은 바로 우연이다. 계속해서 서로 충돌했다가 다시 멀어지는 엄청난 양의 입자들을 상상해보자. 이것은 주사위가 든 상자를 여러 번 힘차게 뒤흔든 상태와 비교할 수 있는 엔트로피가 극히 높은 상태다. 그러나 때로는 이런 입자의 혼잡 속에서 아주 우연히 다섯 개의 입자가 좁은 공간에서 만나게 되는 일이 발생할 수 있다. 때로는 더 많을 수도 있다. 아주 드물게는, 예를 들어 스무 개의 입자가 아름다운 원을 만들어내기도 한다. 엔트로피가 높은 환경 속 낮은 엔트로피의 우연한 섬인 것이다. 엄청난 수의 입자를 가지고 있고 아주 오래 기다리다 보면 언젠가는 아주 우연히 정확하게 충돌하여 즉흥적으로 우주가 만들어진다. 우리의 우주 바깥에는 여전히 어지럽고 무질서하게 떠돌아다니는 입자들이 많이 있을 것이다. 그러면 우리의 우주는 엔트로피가 낮은 우연한 요동인 것이다. 주사위가 들어 있는 상자를 계속해서 흔들어대다 보면 언젠가 동일한 숫자를 가리키는 주사위 구역이 생기는 것과 마찬가지다.

이는 물론 상당히 사리에 맞지 않게 들린다. 공기 중의 모든 입자들이 언젠가 커다란 공간의 맨 위쪽 6분의 1 구역에 모일 수 있는 가능성을 우리는 현저히 낮다며 불가능하다고 보았다. 그런데 이제 와서 우리가 오늘날 보는 모든 입자들이 언젠가 정확하고 올바른 방법으로 충돌해서 우주가 만들어졌다는 것을 받아들이라는 말인가?

사실 이것은 들리는 것만큼 그렇게 미친 소리는 아니다. 우주는 엄청나게 많은 시간을 갖고 있었다. 어쩌면 우리가 상상할 수 없이 오랜 동안 혼돈의 시대가 존재하다가 갑자기 우연히 우리 세계가 탄생했고, 최초의 빅뱅 이후 수십억 년은 빅뱅 이전의 지루하고 아무런 일이 일어나지 않았던 최대 엔트로피의 시대와 비교하면 아주 우스울 정도로 짧은 순간인지도 모른다.

또는 우주는 우리가 보는 아주 작은 일부분과는 비교할 수 없을 정도로 엄청나게 큰지도 모른다. 이는 초우주의 지역 어딘가에서 즉흥적으로 빅뱅이 일어날 가능성을 현저히 높일 것이다. 무한한 세계에서는 있음 직하지 않은 사건들이 끊임없이 자주 일어난다. 이것은 놀라운 일이 아니라 오히려 불가피한 일이다.

이렇듯 우연히 카오스에서 생성된 우주를 '볼츠만 우주'라고 부른다. 하지만 흥미롭게도 이런 생각을 한 것은 볼츠만이 처음이 아니었다. 약 2,000년 앞서 로마의 작가인 루크레티우스(Titus Lucretius Carus)가 볼츠만의 생각과 깜짝 놀랄 정도로 비슷한 물리학적 이론을 기록했다. 루크레티우스는 물질이 우연하게 움직이는 아주 작은 원자들로 이루어져 있다고 보았다. 하지만 우주의 무중력에 대해서는 아직 모르고 있었다. 그는 모든 것이 아래로 떨어지는 것을 당연하게 여겼다. 그래서 우주를 떨어지는 원자들의 집합으로 생각했다. 원자들은 계속해서 아래로 떨어지면서 우연히 조금 왼쪽이나 오른쪽으로 빗나가고, 언젠가는 충돌하게 된다. 그리고 그중 충분히 많은 원자들이 충돌하게 되면 우주가 만들어지는 것이다. 그냥 그렇게 순전히 우연히.

세계는 지난 목요일에 생성되었을까?

우연한 입자들의 혼잡 속에서 우주가 생성되었다는 것은 영리한 생각이기는 하지만 몇 가지 철학적인 문제들을 수반한다. 가령 우주가 어떤 시점에 이런 우연한 방법으로 생성되었는지가 불분명하다. 빅뱅의 순간에? 그럴듯하게 들리지만 반드시 그래야 하는 것은 아니다. 바닷속에 초기 다세포 생물들이 살았던 수십억 년 전에 우연한 요동이 우주를 만들었을 수도 있다. 그리고 어쩌면 우주는 지난 목요일에 만들어졌을 수도 있다. 과학적인 관점에서 보면 이는 얼마든지 내세울 수 있는 이론이다.

물론 당신은 지난 목요일 이전에 이미 살고 있었다는 기분이 들 것이고 그것은 놀라운 일이 아니다. 지난주에 우주가 생성될 때 우연히 당신의 뇌에 어떤 구조가 만들어져서 당신에게는 과거의 기억처럼 느껴질 수도 있다. 이런 가상의 기억이 우연히도 다른 사람들의 기억과 잘 일치하지만 때때로 일치하지 않는 것을 발견하기도 한다. 우리들 중 마지막으로 쓰레기를 들고 나가 버린 사람이 누구지? 둘 다 우연히 생성된 기억을 가지고 있음에도 불구하고 아무도 버리지 않았을 수도 있다. 그리고 2주 전에 그 훌륭한 진을 마셨던 근사한 칵테일 바 이름이 뭐였더라? 그런 바는 애초에 존재한 적이 없었기 때문에 내가 기억하지 못하는 것은 아닐까? 이것은 혹시 지난 목요일에 발생했던 빅뱅이 내 머릿속에 남겨놓은 완성되지 않은 우연한 기억에 불과한 것은 아닐까?

이것으로 확실히 몇몇 가지 일들을 설명할 수 있을 것이다. 이를 위한 물리학적 논거를 찾을 수도 있다. 순전히 우연히 생성되는 것은 낮은 엔트로피의 시스템보다는 오히려 높은 엔트로피의 시스템이다. 엔트로피는 지속적으로 증가하고 따라서 지금의 엔트로피는 빅뱅 직후보다 높다. 엄청난 혼잡 속에서 우주가 빅뱅의 순간에 생성될 가능성은 높은 엔트로피를 가진 우주가 즉흥적으로 생성될 가능성보다 낮다. 우리가 이 논리를 따른다면 우리의 우주는 조금 전에 생성되었을 가능성이 가장 크다. 그 전에 있었던 모든 것들은 그저 환상에 불과하다.

당신이 만약 이런 사실에 충격을 받았다면 이제 더 심한 충격을 받을 테니 조심하시라! 우리 우주가 조금 전에 우연한 과정을 통해 생성된 것이 아니라 한동안 존재해왔다고 가정한다면 우리는 또 다른 질문을 던져야 한다. 우주는 왜 이렇게 파악하기 힘들 정도로 큰 것일까? 큰 규모의 우연한 요동은 작은 규모의 우연한 요동보다 훨씬 더 있음 직하지 않다. 주사위가 든 상자를 바닥에 쏟아버리면 주사위가 같은 숫자를 가리키는 영역을 비교적 쉽게 발견할 수 있다. 100개 또는 수만 개의 주사위가 같은 숫자를 가리키며 나란히 놓여 있는 경우는 훨씬 드물 것이다. 만약 입자들의 혼잡 속에서 어떤 구조가 형성된다면 대개는 상당히 작은 구조일 것이다.

따라서 만약 우주가 우연히 생성되었다면 우주는 한눈에 들어오는 크기여야 할 것이다. 물론 우주에 어느 정도 최소한의 크기는 인정해줘야 한다. 만약 우주가 단지 몇 개의 분자만 가지고 있다면 생각하는 존재를 만들어낼 수 없을 것이기 때문이다. 내가 존재한다면 나의 존재를 가능하게 하는 최소한의 조건들이 충족되어야 한다. 조건이 덜 충족되어서도 안 되지만 반드시 더 많을 필요도 없다.

인간 생명체를 만들어내기 위해 많은 것이 필요한 것은 아니다. 태양 주위를 도는 행성만으로도 충분하다. 우리 우주에서 또 다른 많은 별들을 관찰할 수 있고, 우리의 은하계 너머에 더 많은 은하계가 존재하며, 먼 곳에서 상상할 수 없는 크기의 은하계 무리를 발견할 수 있다는 생각은 우연의 관점에서 봤을 때 조금 지나친 것이다.

생각하는 존재가 되는 행운이 있다면 생각하는 존재를 만들어낼 수 있었던 가장 간단한 우주에 존재하는 것이 아닐까? 이런 최소한의 유형은 태양이 있는 작은 행성도 아닌, 완전히 카오스적인 우주에 떠다니는 외로운 뇌다. 조금 전에 어떤 의미나 목적 없이 우연한 요동에 의해 생성되었다가 다음 순간에 주위의 카오스에서 다시 소멸될 것이다. 이런 불쌍한 녀석을 '볼츠만 두뇌'라고 부른다. 우연이 지배하는 우주에서 즉흥적으로 이러한 볼츠만 두뇌가 생성되는 것은 우연의 수학적 관점에서 봤을 때 우주의 우연한 생성보다 훨씬 더 가능성이 있는 일이다. 이렇게 보면 모든 생각하는 존재는 확률론적 관점에서 봤을 때 아주 우연히 기억과 인지의 환상들이 주입된 볼츠만 두뇌라고 볼 수 있다.

그렇지만 이 이론은 논리적으로 불안정하다. 만약 내가 볼츠만 두뇌라고 가정하면 세상에 대한 나의 모든 지식들이 완전히 쓸데없는 것이라는 사실을 받아들여야 한다. 열역학 이론, 우주론, 확률 계산은 단지 내 두뇌에서 이루어지는 우연한 요동일 뿐이며 사실과는 아무런 관련이 없다. 물리학적 자연법칙과 상관없이 유효한 논리조차도 우리는 신뢰할 수 없다. 어쩌면 우리의 추정들이 논리적으로 보일 뿐인지도 모른다. 사실은 우리의 열역학적으로 생성된 우연한 두뇌에서 어리석고 멍청한 것만 구성하는데도 말이다. 수학적으로 깔끔하고 논리적으로 반박할 수 없게 주장을 펼쳤다는 느낌도 어쩌면 조금 전에 즉흥적으로 그리고 우연히 나의 뇌에서 생성되었을지 모른다.

이것은 나를 복잡한 상황에 놓이게 만든다. 세상이 내 눈에 보이는 그대로라고 인정하면 내가 볼츠만 두뇌일 가능성이 높다는 결론에 이르게 되고, 내가 만약 정말로 볼츠만 두뇌라면 이를 위한 모든 논거들을 즉시 폐기해야 한다. 볼츠만 두뇌이면서 동시에 볼츠만 두뇌를 믿을 타당한 이유를 가질 수는 없다.

그렇기 때문에 이런 경우에는 마음 놓고 우연을 무시해도 좋다. 물리학자든 아니든 상관없이 정상적인 사람이라면 자신이 정말로 볼츠만 두뇌라고 생각하지 않는다. 그리고 아무도 진지하게 이 세상이 지난 목요일에 만들어졌다고 생각하지 않을 것이다. 우주의 우연한 생성에 대해 이런 이상한 생각들이 생겨난다면 그것은 우리가 아직 본질적인 것을 제대로 이해하지 못했다는 강한 증거가 된다. 우리는 어쩌면 어느 날 거대한 우주의 생성에 대한 좀 더 이치에 맞는 이론과 맞닥뜨리게 될지도 모른다. 그러면 볼츠만 두뇌와 같은 것을 허용하는 그런 우연한 사건들은 필요치 않을 것이다.

그리고 내가 만약 정말로 볼츠만 두뇌라서 조만간 열역학적 균형을 위해 카오스적인 우주에서 사라진다고 해도 나는 화내지 않을 것이다. 인생을 그렇듯 짜증 나는 자아상과 함께하는 것이 안타까울 것이기 때문이다. 이런 경우에는 차라리 기분 좋은 것을 떠올리는 편이 훨씬 낫다. 가령 지구에서 인간으로서 편안한 안락의자에 앉아 미친 볼츠만 두뇌가 등장하는 우연에 관한 책을 읽고 있는 생각 같은 것 말이다.

닭고기 맛과 비슷한 양자물리학

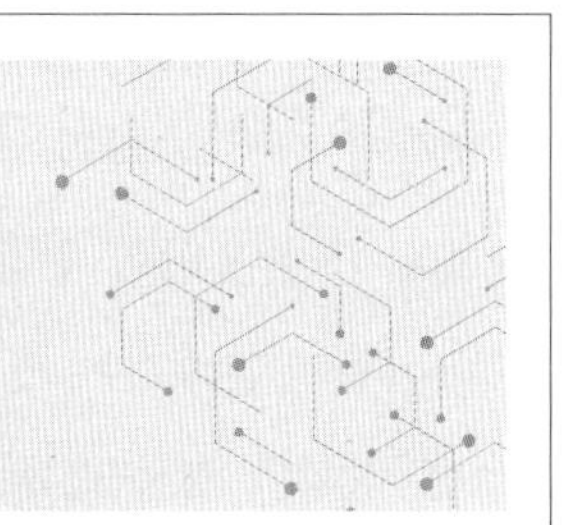

슈뢰딩거의 고양이, 양자 자살 그리고 가장 작은 입자들의 세계: 양자이론은 과학에 새로운 종류의 우연을 불러일으킨다.

저 밖 멀리 어딘가, 우리 태양계의 가장자리에 우라늄 원자가 떠다닌다. 우리가 이곳 지구에서 볼 수 있는 우라늄 원자와 마찬가지로 엄청난 별의 폭발 때 생겨난 것이다. 우라늄 원자는 기존의 별에서 만들어지기에는 너무 크고 무겁기 때문이다.

우라늄은 아주 특별한 우주의 사건이 일어날 경우에만 생겨난다. 바로 초신성의 폭발 때 만들어진다. 우리 태양보다 더 큰 별들이 연료를 다 사용하고 나면 갑자기 붕괴될 수 있다. 별은 자기 자신의 중력에 의해 붕괴되고 굉장한 충격파가 쏜살같이 별을 관통하여 결국 폭발하게 된다. 별에서 나온 가스가 엄청난 에너지로 우주로 내던져지고 이때 은, 금 또는 우라늄과 같은 중원소가 생성된다.

그렇게 해서 몇십억 년 후 92개의 양성자와 146개의 중성자로 이루어진 우리의 우라늄 원자가 존재하게 되었다. 우라늄 원자가 여전히 존재하는 것 자체가 순전히 우연이다. 우라늄 238은 방사능 물질로서 언제든지 갑자기 붕괴될 수 있다. 우라늄의 반감기는 약 45억 년이다. 초신성이 폭발할 때 우주의 불바람 속에서 생성된 우라늄 원자의 절반 이상은 이미 붕괴되었다. 우주선(宇宙線)에 맞아 파괴된 것도 아니고, 다른 입자들과 충돌하여 두 동강이 난 것도 아니다. 외부의 어떤 적대적인 영향도 없이 갑자기 붕괴되어 저절로 토륨 원자와 헬륨 원자로 분열되었다.

이는 우리 우라늄 원자에도 얼마든지 일어날 수 있는 일이다. 언제 그런 일이 일어날지는 아무도 말할 수 없다. 집에서 키우는 고양이는 동물병원에 데리고 가서 검사를 받아보면 얼마쯤 더 살 수 있을지 예상해볼 수 있다. 만성적인 신장 질환을 앓고 있는 스무 살 된 증조할머니 고양이보다는 활발한 새끼 고양이가 내년에도 살아 있을 가능성이 훨씬 높다. 우라늄 원자의 경우에는 다르다. 우라늄 원자는 노화되지 않고 항상 똑같다. 수십억 년 전부터 태양계 가장자리에서 움직이고 있는 우라늄 원자는 조금 전 초신성의 폭발에 의해 생겨난 우라늄 원자와 아무런 차이가 없다. 둘 다 내일 붕괴될 수 있는 가능성은 똑같다. 우리가 원자에 대해 알아야 할 모든 것을 알고 원자를 모든 외적인 영향으로부터 완벽하게 차단할 수 있다고 하더라도 우리는 여전히 원자가 언제 붕괴될지 말할 수 없다. 단지 가능성만 언급할 수 있을 뿐이다.

우리는 우라늄 원자 120억 개의 행동을 통계적으로 잘 예측할 수 있다. 반감기가 지나고 나면 그중 정확히 절반 정도가 붕괴될 것이다. 하지만 각 방사능 원자의 운명은 우리에게 순전히 우연일 뿐이다. 이것은 양자물리학의 법칙 때문이다. 카오스 이론과 마찬가지로 양자물리학은 우연과 예측에 대한 우리의 과학적인 이해를 상당히 혼란스럽게 만들어놓았다.

자연도 스스로를 잘 알지 못한다

어떤 일이 일어나면 그 일이 일어난 이유가 있으며, 그 이유를 알아차리지 못한다면 조금 더 자세히 들여다봐야 한다. 이것은 20세기까지만 해도 아주 당연하게 여겨지던 과학의 원칙이었다. 라플라스의 악마의 사고실험은 바로 이런 생각에 기인한다.

우리는 비록 인간이 정확하게 알지는 못한다 할지라도 물리학적인 크기는 아주 명백한 값을 지니고 있다고 전제한다. 내가 다리 위에 서서 체리 씨앗을 높은 포물선을 그리도록 강물에 뱉어버리면 체리 씨가 날아갈 때 완전히 정확하게 측정할 수 있는 시간은 없지만 나는 체리 씨의 특징들이 원칙적으로 정확하게 정해져 있다고 생각한다. 체리 씨는 특정한 무게를 가지고 있고, 특정한 화학적 조합으로 구성되어 있으며, 특정한 양의 침이 묻어 있다. 매 순간 특정한 위치가 있다. 나의 코끝과 체리 씨 사이의 간격을 지금 바로 이 순간 미터로 잰다면 소수점 이하 숫자가 끝없이 이어지는 특정한 숫자가 나올 테지만 내가 모르고 있을 뿐이다. 소수점 이하 자리의 숫자를 어디까지 알아낼 수 있는지는 측정기의 품질에 달려 있지만 그래도 어쨌든 그 숫자가 존재하는 것은 분명하지 않은가? 그 숫자는 원주율 파이나 루트 2와 똑같이 자연에 명백하게 존재해야 할 것이다! 이런 상상은 타당하기는 하지만 유감스럽게도 거짓이다. 자연은 어떤 일들에 대해서는 스스로도 자세히 알지 못한다.

우리의 일상생활에서는 이것이 별로 문제가 되지 않는다. 하지만 아주 작은 대상들을 다룰 때 자연의 이런 이상한 무딘 특성이 중요해진다. 개미는 우리보다 약 1,000배나 작다. 박테리아는 개미보다 1,000배나 작고 또 박테리아보다 1,000배나 작은 것을 찾으면 분자와 원자의 단위에 이르게 된다. 세상을 점점 더 작은 단위로 분석하다 보면 언젠가는 불가피하게 우리에게 익숙하지 않고 이상하게 보이는 영역에 이르게 된다. 분자, 원자 그리고 소립자의 영역으로 들어가게 되면 우리 일상의 상식으로는 이해하기 힘든 효과와 맞닥뜨리게 된다. 루트비히 볼츠만은 원자가 아주 작은 구(球)와 같다고 생각했었지만 알려진 바와 같이 그것은 상당히 잘못된 생각이었다. 여러 가지 실험을 통해 양자물리학적 입자들의 행동을 수학적으로 정확하게 묘사할 수는 있지만 입에서 내뱉은 체리 씨나 축구공 또는 행성과 같은 방식으로 할 수는 없다는 것을 확인했다.

흔히 양자 입자는 파도처럼 움직인다고 말한다. 파도는 일정하게 정해진 위치가 없고 다양한 곳에 동시에 있을 수 있다. 내가 풀장에 뛰어들면 파도가 만들어지고 파도는 순식간에 수면 전체에 퍼진다. 파도는 동시에 왼쪽으로 그리고 오른쪽으로 이동하는 데 아무런 문제가 없고 풀장 앞쪽 가장자리나 뒤쪽 가장자리로 동시에 흘러넘칠 수 있다. 실제로 양자 입자들에서 이와 유사한 것을 관찰할 수 있지만 그럼에도 불구하고 이렇게 파도와 비교하는 것이 우리에게 그리 큰 도움이 되는 것은 아니다.

"닭고기 맛하고 비슷해요." 악어고기를 먹어본 사람들은 흔히 이렇게 말한다. 물론 이것은 난센스다. 악어고기는 닭고기 맛이 나는 것이 아니라 악어고기 맛이 난다. 닭고기와의 비교는 잘 알지 못하는 것을 우리가 일상의 경험을 통해 익숙한 것과 비교하는 것이지만, 이러한 비교는 악어고기를 직접 먹어보는 것을 대체해주지 않는다. 양자물리학에서도 이와 비슷하다. 입자를 파도와 비교하는 것은 양자물리학이 어느 정도 구미가 당기고 소화하기 쉽게 보이는 데 도움이 될 수는 있지만 그렇다고 해서 목적에 이를 수 있는 것은 아니다. 양자물리학은 아주 낯선 것이며, 그것을 단순히 일상의 대상에 빗대어 설명하려고 할 때 일상의 상식이 통하지 않는 것에 대해 의아하게 생각해서는 안 된다.

양자물리학은 신비로운 것도 아니고 비밀스러운 것도 아니다. 양자물리학은 다른 것과 마찬가지로 물리학적인 이론이다. 다만 양자물리학의 어려움은 우리 일상의 대상, 특성 그리고 범주로는 설명할 수 없다는 데 있다. 하지만 그것은 상관없다. 양자 입자는 우리가 보통 알고 있는 대상들과는 다른 특성들을 갖고 있다는 것을 받아들여야 한다. 양자물리학이 어떤 맛인지 궁금한 사람은 직접 맛을 보고 다른 것과의 비교는 단지 절반의 진실에 불과하다는 사실을 그냥 받아들여야 한다.

양자 중첩

양자물리학에서 가장 중요하고 놀라운 특성은 대상들이 여러 가지 상태로 동시에 존재하도록 허용한다는 것이다. 이를 '양자 중첩 상태'라고 부른다. 고전 물리학에서는 불가능한 것이다. 내가 동전을 공중으로 던지면 결국 동전이 바닥에 떨어지며 앞면 또는 뒷면이 나온다. 물리학의 법칙은 두 가지 가능성을 모두 허용하며 그중 한 가지 경우가 실제로 일어날 것이다. 반면에 양자물리학적인 시스템이 동시에 두 가지 상태를 허용할 수 있으면, 생각 가능한 모든 조합 역시 가능하다. 만약 아주 작은 양자-동전을 제작한다면 동전의 앞면과 뒷면 상태를 동시에 수용할 수 있다.

이것은 상당히 이상하게 들리지만 사실이다. 양자물리학을 접해본 적이 있든 없든 상관없이 누구도 이를 자신의 일상적인 경험과 일치시킬 수 없으며, 그럴 시도조차 하지 않는 것이 좋다. 약간의 용기를 가지고 그냥 받아들여야 하는 생각이다. 어떤 원자가 왼쪽으로 그리고 오른쪽으로 돌 수 있으면 동시에 양쪽 방향으로 도는 것도 가능하다. 우라늄 원자는 동시에 온전하면서 붕괴될 수 있고, 레이저 광선을 맞은 분자는 동시에 분열하고 온전할 수 있으며, 작은 구멍들이 있는 얇은 판에 전자를 쏘면 전자는 동시에 여러 길로 움직일 수 있고 여러 구멍들 사이로 동시에 빠져나갈 수 있다.

전자가 실제로 어디에 있는지를 묻는 것은 아무런 의미가 없다. 그것은 마치 악어가 얼마나 열렬하게 꼬꼬댁 소리를 낼 수 있는지 또는 숫자 4가 무슨 색인지 질문하는 것과 똑같다. 날아다니는 전자는 '진짜' 또는 '실제' 위치가 없고 산만하게 분포되어 움직인다. 어떤 전자가 원자핵 주위를 돈다고 할 때 태양 주위를 도는 행성의 궤도를 생각하면 안 된다. 전자는 오히려 원자핵을 마치 구름처럼 감싸며, 일종의 공간적 특성을 갖고 있다고 말할 수 있다. 전자는 여러 곳에 동시에 머물지만 모든 곳에서 동일한 규모로 존재하는 것은 아니다. 원자의 중심인 원자핵 쪽은 전자가 상당히 많은 곳이고, 조금 더 멀리 떨어진 공간에는 전자가 적다. 그리고 바로 이렇게 분산된 전자성을 전자라 부른다.

우리는 이 정도는 이해할 수 있다. 이제 체리 씨처럼 확실한 위치가 있는 것 말고 원자, 전자 그리고 바람 속에 놓인 구름과 같은 것들을 떠올려보자. 구름의 어떤 부분은 빽빽하고 솜처럼 풍성하며, 또 어떤 부분은 얇고 흐릿하게 비쳐 보일 수 있다. 하지만 이것은 우리에게 별로 도움이 되지 않는다. 구름도 양자 입자를 설명하기에 좋은 비교 모델이 아니기 때문이다. 내가 구름을 사진으로 촬영하면 그 이후에도 여전히 구름이다. 그러나 어떤 입자를 정확하게 측정하고 나면 모호한 상태는 끝나버리고 정확한 결과를 얻게 된다.

어떤 입자를 가만히 내버려두는 동안에는 양자물리학의 법칙에 따라 아무런 문제 없이 여러 곳에 동시에 머물 수 있다. 어떤 전자를 어두운 상자에 가두어서 외부 세계와의 접촉을 차단하면 전자는 갑자기 상자 안의 모든 곳에 존재하게 된다. 하지만 뚜껑을 열어서 안을 들여다보면 상자 안에서 산만한 전자성을 발견하게 되는 것이 아니라 아주 작은 전자가 특정한 한 곳에만 존재하는 것을 볼 수 있다. 어떤 상태의 중첩은 입자가 세계의 다른 것들로부터 영향을 받지 않을 때에만 가능하기 때문이다. 모든 측정은 상태를 변화시키고 자연으로 하여금 확정 짓도록 강요한다. 자세히 들여다보면 흐리터분하게 분포되어 있던 것이 명백하고 확정적인 것이 된다.

이것은 마치 굳게 닫혀 있는 마술 상자 안에 토끼가 들어 있다고 관중에게 장담하는 마술사의 말처럼 들린다. 상자 뚜껑이 굳게 닫혀 있는 동안 상자 안에서는 기이한 일들이 일어난다. 정말이다! 내 말을 그냥 믿어주길 바란다! 우리가 들여다보지 않는 한 토끼는 그 안에 있다!

이 마술사의 말이 맞는다고 해도 그가 세계적인 성공을 거둘 가능성은 낮다. 그리고 만약 이것으로 끝이라면 양자 중첩을 아무도 진지하게 받아들이지 않을 것이다. 그러나 양자물리학은 명백하고 검증 가능한 예측을 내놓는다. 비록 양자 중첩을 직접적으로 촬영할 수는 없다고 해도 말이다. 바로 이런 점 때문에 양자물리학은 과학사에서 아주 성공적이고 중요한 이론 중 하나가 되었다.

파동함수

우리가 계속해서 똑같은 양자 실험을 진행한다고 가정해보자. 매번 어떤 원자를 똑같은 방식으로 잘 밀폐된 상자에 가두어서 원자가 양자물리학적으로 동일한 방식으로 분포하고 여러 곳에 동시에 위치하게 만든다. 그런데 이제 우리가 입자의 위치를 측정하고 그렇게 함으로써 입자가 어떤 특정한 위치를 정하도록 강요하면 항상 똑같은 결과가 나오지 않는다. 실험을 할 때 늘 똑같은 시작 조건을 가지고 출발한다고 해도 측정 결과는 예측 불가능하고 순전히 우연이다.

그러나 모든 결과가 반드시 똑같은 가능성이 있는 것은 아니다. 입자가 어떤 곳에 많고 적은지는 여러 가지 조건에 달려 있다. 즉, 상자의 기하학적 모양, 입자의 에너지 그리고 그곳에 작용하는 힘에 달려 있다. 이른바 파동함수의 도움을 받아 이를 수학적으로 설명할 수 있다. 이를 통해 측정 전에 입자가 양자물리학적으로 공간에 어떻게 분포되어 있었는지 알 수 있다. 입자가 주로 머무는 곳에서 높은 파동이 일어나고 전자가 별로 없는 곳은 파동함수의 파동이 작다. 전자가 확실하게 존재하지 않는 상자 외부 어딘가의 파동함수는 0이다. 양자 파동이 높은 곳에서는 입자를 찾을 수 있는 가능성이 크다. 파동함수가 0인 곳에서는 입자를 찾을 수 없을 것이다.

파동함수를 계산해내는 방식은 물리학자인 에르빈 슈뢰딩거(Erwin Schrödinger)가 설명했다. 그가 1928년에 세운 유명한 슈뢰딩거 방정식은 시간이 흐름에 따라 파동함수가 어떻게 변하는지 알려준다. 이 방정식의 도움으로 어떤 입자가 어떤 시점에 어떤 특정한 장소에 있을 가능성을 예측할 수 있다. 하지만 양자물리학은 이런 가능성 이상을 우리에게 알려줄 수 없다. 어떤 실험의 결과가 실제로 어떠할지는 순전히 우연이다. 동일한 양자 실험을 여러 차례 반복한 다음에야 결과를 통계학적으로 평가해서 슈뢰딩거의 방정식에서 나온 예측과 비교할 수 있다. 이때 양자이론의 예측이 측정 결과와 상당히 일치하는 것을 알 수 있다.

양자물리학의 공식은 우리에게 가능한 측정 결과와 그 가능성을 알려주지만 이런 가능성 중에서 어떤 것이 다음 실험에서 실제 측정된 결과로 나올지는 알 수 없다. 이것은 물론 입자가 머물고 있는 위치에만 해당되는 것이 아니라 다른 모든 양자물리학적 특성에도 해당된다. 예를 들어 시계 방향과 시계 반대 방향으로 동시에 돌고 있는 어떤 원자의 방향을 측정하면 그렇게 함으로써 중첩을 파괴하게 된다. 원자는 아주 우연히 두 가지 방향 중 하나를 취하게 되며 측정 장치는 그 방향을 가리키게 된다. 방사능 원자가 붕괴되었는지 살펴볼 때, 전자가 얼마만큼의 에너지를 가지고 있는지 측정할 때, 빛의 입자들이 어떤 방향으로 움직이는지 분석할 때 양자물리학의 공식들은 우리에게 가능성을 알려줄 수는 있지만 그 결과는 순전히 우연이다.

우리가 단지 가능성만 예측할 수 있을 뿐 각각의 측정 결과를 예측할 수 없다는 것은 우리가 측정을 부정확하게 하거나 양자대상에 대해 아는 것이 별로 없다는 것과는 아무런 관련이 없다. 이것은 상당히 혼란스러운 일이다. 우리의 일상에서 불확정성은 보통 전혀 다른 의미를 갖고 있기 때문이다.

어떤 사람이 고양이를 찾고 있다고 가정해보자. 우리가 양자실험을 할 때 원자가 상자 안 어딘가에 있다는 것을 확신하는 것과 마찬가지로 그 사람은 고양이가 집 안이나 정원 어딘가에 있다는 것을 확신한다. 어쩌면 고양이 주인은 더 많은 것을 알고 있을지도 모른다. 정원에 수영장이 있는데 그 고양이는 수영을 하지 못하기 때문에 수영장에 들어갈 리는 절대 없다. 대신에 고양이는 난로 뒤에 누워 있는 것을 좋아한다. 따라서 난롯가에서 고양이를 발견할 가능성이 높다. 고양이를 찾을 때 고양이가 있을 만한 곳들을 그린 지도를 만들 수도 있고 고양이의 분포 함수를 어느 정도 계산해낼 수도 있다. 고양이 주인은 이런 분포도를 머릿속에 그린 채 실제로 고양이를 찾을 때까지 집 안과 정원을 돌아다닌다. 그 순간 머릿속에 있던 고양이가 있을 만한 곳의 분포 가능성이 확실한 인식으로 대체된다. 고양이는 다른 곳이 아닌 바로 이곳에 있다고 말이다.

이것은 상자 안에 든 원자와 상당히 비슷하게 들리지만 완전히 다르다. 이 두 가지 상황의 차이를 이해하는 것이 아주 중요하다. 고양이는 언제나 특정한 곳에 머물고 있지만 단지 우리가 모르고 있을 뿐이다. 고양이 주인이 가능성에 기대는 것은 단지 정보가 부족하기 때문이다. 그가 결국 고양이를 발견하게 되는 곳은 그에게 우연처럼 느껴지겠지만, 만약 누가 고양이에게 위치 추적기를 달아놓았다면 고양이 주인과 고양이가 어디서 마주치게 될지 예측할 수 있었을 것이다.

양자물리학의 경우에는 다르다. 우리가 진실을 아직 모르기 때문에, 파동함수는 우리가 머릿속에 지니고 있는 보조 수단이 아니라 이미 그 진실 자체다. 양자 입자는 자신의 파동함수다. 양자물리학적인 상태를 더 잘, 그리고 더 정확하게 설명할 수 있는 다른 가능성은 없다. 우리가 측정하기 전에 입자가 상자 안 왼편에 있는지 오른편에 있는지 말할 수 없는 이유는 정보가 부족하기 때문이 아니다. 우리가 입자에 대해 알 수 있는 것은 파동함수가 전부이기 때문이다. 입자 자체도 자신의 위치를 모른다고 말할 수 있다. 자연은 이런 정보들을 준비해놓지 않는다. 고양이는 발견되기 전까지 소파 뒤에 편안하게 누워서 주인이 가장 좋아하는 신발을 앞발로 할퀴어놓는 반면, 양자 입자는 측정 전에 어디에나 동시에 존재하고 그 어떤 정확한 계산법으로도 측정 결과를 예측할 수 없다.

양자물리학이 직면하게 하는 우연의 방식은 상당히 급진적이다. 심지어 양자물리학적인 시스템에 대한 완벽한 지식조차도 측정 결과를 예측하기에 충분하지 않다. 두 번 모두 정확히 똑같은 시작 조건을 만들어낸다고 해도 서로 완전히 다른 두 개의 결과가 나올 수 있다. 이것은 라플라스의 악마라는 개념에 심한 타격을 가하는 것이다. 원인과 결과의 고정된 결합이 물리학 이론에 의해 처음으로 깨지는 듯 보인다. 양자의 차원에서 근본적인 우연과 같은 것이 존재한다면, 원인이 없는 결과가 존재하고 그저 순전히 임의로 세상에 내던져지게 된다면, 제아무리 세상의 모든 정보를 갖고 있다는 가설의 악마라도 미래를 예측하는 것은 불가능하다.

카오스 이론 역시 우리를 상당히 근본적인 형태의 예측 불가능성에 직면시켰다. 시작 조건을 완벽하게 포착하는 것은 불가능하며, 우리의 모델과 실제 세계 사이의 아주 미미한 편차만으로도 장기적인 예측을 완전히 무가치한 것으로 만들어버릴 수 있다는 것이다. 그렇지만 양자물리학은 어떤 의미로 보면 더 급진적이다. 어떤 양자대상에 대해 그 파동함수 이상을 아는 것은 불가능하고, 심지어 완전한 지식을 갖고 있다고 해도 양자우연성의 재량에 대항하는 데 아무런 도움이 되지 않는다. 우연은 측정을 하는 순간 지체 없이 단번의 양자도약으로 일어난다.

양자물리학이 20세기 초반에 탄생했을 때 이 이론은 혼란을 일으켰다. 작은 입자들의 행동을 계산해낼 수 있는 상당한 양의 공식들을 만들어냈지만 그 결과를 어떻게 해석해야 하는지 양자이론의 아버지와 어머니들은 한동안 분명하게 알지 못했다. 아인슈타인은 원인 없이 일어나는 순전한 우연을 믿으려고 하지 않는 사람들에 속했다. 그는 "신은 주사위 놀이를 하지 않는다!"고 주장했다. 이에 대해 닐스 보어(Niels Bohr)는 "신이 무슨 일을 하든지 상관하지 마라!"라고 대답했다고 한다.

두 개의 현실이 존재하는 듯 보였다. 원인과 결과가 있는 예측 가능한 개념을 따르는 행성, 인간, 체리 씨가 있는 거시적 세계, 그리고 순전히 우연이 지배하고 예측할 수 없는 방식으로 분자, 원자, 소립자의 행동이 정해지는 미시적 세계이다. 미시적 세계의 우연성이 우리의 일상생활에 아무런 영향을 미치지 않는 것은 아닐까? 우리는 양자우연성에 깊은 인상을 받기에는 너무 크기 때문에 이런 성가신 양자우연성을 그냥 무시해도 되지 않을까?

아니, 그럴 수 없다. 에르빈 슈뢰딩거는 '슈뢰딩거의 고양이'로 유명해진 사고실험으로 이를 설명했다. 우리가 반감기가 한 시간 정도인 방사능 원자를 가지고 있다고 상상해보자. 이 원자를 금속 상자에 가두고 측정되지 않도록 보호하면 원자는 '붕괴'와 '온전'의 중첩 상태에 있게 된다. 처음에는 상당히 온전하고 아주 조금 붕괴될 뿐이다. 오래 기다리면 기다릴수록 붕괴 비율은 점점 더 커진다. 따라서 시간이 지날수록 상자를 열었을 때 붕괴된 원자를 만나게 될 가능성이 점점 더 커진다. 한 시간이 지나면 그 가능성은 정확히 50퍼센트가 된다. 하지만 우리가 상자를 계속 닫아놓고 측정을 하지 않으면 원자는 온전하거나 붕괴된 것이 아니라 온전과 붕괴의 양자 중첩에 놓이게 된다.

이 정도까지는 아직 받아들일 수 있으나 이제부터 진짜 힘들어진다. 이제 상자 안에 아주 특수한 광선 측정 장치를 함께 넣어둔다. 방사능 원자가 붕괴되면 측정 장치가 이를 기록하고 자동적으로 청산이 든 병이 깨진다.

공포에 사로잡힌 고양이가 우리 손을 할퀴지 않도록 조심하면서 그 옆에 고양이를 넣고 얼른 뚜껑을 닫아버린다. 원자가 붕괴되면 방사능 탐지기가 이를 감지해서 청산을 방출하고 불쌍한 고양이는 죽게 된다. 원자가 붕괴되지 않으면 상자를 열었을 때 고양이가 상당히 화를 내기는 하겠지만 살아 있을 것이다. 여기서 문제는 다음과 같다. 우리가 상자 안을 들여다보지 않는 동안 고양이는 어떤 상태인 것인가? 살아 있는 동시에 죽은 것일까? 원자뿐만 아니라 고양이처럼 커다랗고 복잡한 것도 양자물리학적인 중첩 상태에 있는 것이 가능한가?

에르빈 슈뢰딩거는 이것은 있을 수 없는 일, 터무니없는 일이라 여겼다. 양자물리학에는 새로운 발견을 통해 제거해야만 하는 내적인 모순이 있는 듯 보였다. 그러나 연구에 많은 발전이 있었고 양자물리학에 대한 이해가 점점 더 깊어졌음에도 불구하고 양자우연성을 반박할 주장을 펼 수는 없었다. 대부분의 물리학자들은 언젠가부터 이를 그냥 받아들이게 되었다.

측정의 문제

양자우연성을 이해하기 위해서는 무엇보다 먼저 아주 중요한 질문에 대답해야 한다. 측정이란 대체 무엇인가? 측정 없이 이 세계는 아주 질서가 잘 잡혀 있고 입자는 다양한 중첩 상태에 놓여 있으며, 제아무리 라플라스의 악마라고 해도 약간의 상상력만 있으면 이를 얼마든지 받아들일 수 있다. 양자우연성은 측정의 순간에 본격적인 문제가 된다. 동시에 존재하는 상태 중에서 어떤 것이 실제 측정 결과가 되어야 할지 자연이 결정해야 하는 순간에 말이다.

측정 결과를 얻기 위해 상자 뚜껑을 열어 들여다봐야 할까? 이것은 측정의 한 가지 방식이지만 이 외에도 여러 가지 측정 방식이 있다. 상자를 광선으로 비추어서 고양이가 아직 살아 있는지 알아볼 수 있다. 또 상자의 발열 정도를 측정해서 상자 안에 살아 있는 생명체가 있는지 아니면 죽은 고양이의 시체가 천천히 주변 온도에 맞춰지는지 알아볼 수도 있다. 그리고 상자 주위에 민감한 진동 측정기들을 설치하면 불쌍한 고양이가 독에 질식되어 쓰러질 때 곧바로 알아차릴 수 있다. 이 모든 것이 측정에 속하며, 파동함수의 붕괴를 가져오고 중첩 상태를 끝내며 우연이지만 확실한 결과를 이끌어낸다.

하지만 우리가 이런 측정들을 실제로 실시하는지 여부는 전혀 상관이 없다. 고양이의 상태를 알아내기 위해 측정 장치들을 설치하는 것이 중요한 것이 아니다. 측정에는 관찰자가 필요한 것이 아니라 단지 관찰의 대상이 되는 가능성이 필요하다. 정보들이 근본적으로 이용 가능한지, 양자시스템에서 나머지 우주로 퍼져 나갔는지, 그리고 이론적으로 측정할 수 있는지가 중요하다. 양자시스템을 측정한다는 것은 조금 더 큰 대상과 접촉시키는 것을 의미한다. 측정 장치, 우리 자신 그리고 이 세상의 나머지 부분과 말이다. 슈뢰딩거의 고양이에게는 이것이 아주 자동적으로 이루어진다. 상자 안에서 일어나는 과정들이 어떤 방식으로든 주위 환경과 접촉되면 우리 인간들이 그 결과를 알게 되는지 여부와 상관없이 이미 측정인 것이다. 따라서 슈뢰딩거의 사고실험에 존재하는 고양이는 실제로 양자물리학적인 중첩 상태에 놓여 있는 것이 아니다. 그러기에는 고양이가 너무 크다. 우리가 상자 뚜껑을 열기 전에 고양이의 운명은 이미 정해져 있다. 큰 시스템은 어떤 의미에서 보면 저절로 측정이 된다.

바로 이런 이유 때문에 양자물리학적인 현상들을 조사하려면 많은 노력이 필요하다. 우리는 양자 입자들이 공기 중의 입자들과 접촉하지 않도록 진공 창고에 넣는다. 양자 중첩이 따뜻한 광선이나 뜨거운 원자의 진동에 의해 파괴되지 않도록 양자 입자를 냉각한다. 우리는 이런 측정을 직접 하려고 하는 것이지, 우리에게 어차피 결과를 알려주지 않는 어떤 물리적인 절차에 이런 결정적인 단계를 맡기려고 하는 것이 아니다.

전 세계의 연구 단체들은 점점 더 큰 대상들이 양자물리학적인 행동을 하도록 설득하려 한다. 전자와 광자는 비교적 쉽게 다른 경로로 동시에 움직이도록 만들 수 있다. 틈이 두 개 나 있는 얇은 판 위에 그 입자들을 쏘면 동시에 두 개의 틈을 통과해서 갈 수 있다. 입자들이 나머지 세계와 어떤 상호작용을 통해 어떤 길을 갔는지 알려주지 않으면, 입자들이 어떤 것을 결정하도록 강요하는 측정도 없고 두 가지 길은 똑같이 현실이다. 더 큰 대상들도 이렇게 할 수 있을까? 만약 고양이를 틈이 두 개 나 있는 얇은 판을 향해 힘껏 던져버리면 무슨 일이 일어날까? 고양이는 두 가지 길을 동시에 가지 않을 것이고 이런 실험을 하는 것은 별로 좋은 생각이 아니다. 그렇지만 적어도 전자보다 현저히 큰 입자의 경우에는 이미 성공을 거두었다. 중성자, 원자 그리고 심지어 큰 분자도 이렇게 하는 것이 가능하다.

크기가 상당히 크지만 그럼에도 불구하고 양자물리학적인 중첩이 가능한 물리학적 시스템을 오늘날 '슈뢰딩거 고양이 상태'라고 말한다. 예를 들어 특수하게 냉각된 초전도체 고리의 경우 전류를 시계 방향과 시계 반대 방향으로 동시에 흐르게 만들 수 있다. 이렇게 해서 생성된 전류는 수십억 개의 전자로 이루어져 있지만 모두 동시에 양자 중첩 상태로 만들 수 있다. 또한 여러 개의 개별적인 빛의 입자로 이루어진 빛의 섬광을 두 개의 거울 사이에 가둬두면 섬광이 양자물리학적으로 행동하는 것을 볼 수 있다.

양자 얽힘

특히 입자들이 서로 다른 곳에 존재하는 양자 중첩의 경우에 우리의 일상적인 이해가 도전을 받게 된다. 두 개의 입자가 서로 아주 멀리 떨어져 있더라도 함께 양자대상을 형성할 수 있다. 이 두 개의 입자를 서로 분리해서 보는 것은 의미가 없으며, 두 개의 입자는 아주 근본적으로 서로에게 속한다.

이러한 양자물리학적 결합은 예를 들어 원자가 두 부분으로 쪼개질 때 발생할 수 있다. 쪼개진 두 부분은 이른바 스핀을 가지고 있다. 붕괴되기 전의 원래 원자가 스핀이 없었다는 것을 우리가 알고 있다고 가정하면, 붕괴된 후에도 두 부분의 스핀이 합해서 0이 되어야 한다. 왼쪽 입자가 플러스 스핀을 가지고 있고 오른쪽 입자가 마이너스 스핀을 가지고 있거나 또는 그 반대다.

이것 자체로는 사실 별로 특별한 것은 아니다. 양자물리학에 관한 열띤 토론을 벌이다가 누군가 내 머리에 신발을 던졌는데 그것이 왼쪽 신발이라는 것을 내가 알아차렸다면, 나는 상대방이 여전히 화를 내며 손에 들고 있는 신발은 오른쪽 신발이라는 것을 짐작할 수 있다. 또는 그 반대일 것이다. 그렇지만 신발과 달리 양자 입자들은 두 가지 가능성을 동시에 지닐 수 있다. 그러면 두 가지 중 어느 것도 확실하게 정해진 스핀을 가지고 있지 않다. 둘 다 플러스와 마이너스로 이루어진 중첩 상태에 놓여 있다.

그렇지만 두 입자가 서로 다른 스핀을 가지고 있다는 것은 확실하다. 이제 왼쪽 입자의 스핀을 측정하면 이로 인해 중첩은 파괴되고 스핀이 정해진다. 이것은 또한 두 번째 입자의 스핀이 순간적으로 정해진다는 것을 의미한다. 아주 우연히 왼쪽에서 플러스 스핀을 측정했다면 오른쪽에서 마이너스 스핀을 측정하게 되리라는 것을 확신할 수 있다. 오른쪽 입자가 중첩 상태에 있는지 아니면 확실하게 정의된 상태에 있는지는 왼쪽 입자의 측정에 달려 있다. 심지어 양쪽 입자가 서로 수백 킬로미터 떨어져 있을 때도 마찬가지다. 그런데 오른쪽 입자는 왼쪽 입자가 측정되었다는 사실을 어떻게 아는 것일까? 왼쪽 입자는 측정되는 순간에 신호를 보내서 오른쪽 입자로 하여금 지금 당장 확실하게 정의된 스핀 상태로 있으라고 알려주는 것일까?

아니다. 그렇지는 않다. 원한다면 두 가지 측정을 동시에 진행할 수 있다. 왼쪽과 오른쪽 입자의 측정 시간의 간격은 너무나 짧아서 광속의 신호조차도 그 시간 동안 한쪽에서 다른 쪽으로 도달할 수 없다. 그럼에도 불구하고 항상 양자물리학이 예측하는 대로 정확하게 한쪽은 플러스 스핀, 다른 쪽은 마이너스 스핀이 측정된다. 두 개의 입자들은 서로 완전히 다른 곳에 존재하지만 함께 공통의 양자시스템을 이룬다. 이를 두고 양자들이 서로 얽혀 있다고 말한다.

양자우연성은 서로 직접적인 영향을 미칠 수 없는 대상들을 결합한다. 아무리 거리가 멀어도 작용하고, 아주 순간적으로 지체 없이 이루어진다. 아인슈타인은 이를 믿으려고 하지 않았다. 그는 자신의 상대성 이론에서 빛보다 빠르게 확산되는 것은 없다는 규칙을 정립했다. 그는 멀리 떨어진 파트너 입자의 양자 측정 작용을 '유령 같은 원격작용'이라고 칭하며, 그런 의미 없는 예측을 한다면 양자이론은 아직 불완전한 것이라고 주장했다. 하지만 이제 알려진 바와 같이 이 실험은 전혀 무의미한 것이 아니었다.

그동안 바로 이러한 입자들이 얽힌 상황들에 대해 반복해서 연구가 이루어졌고 양자이론이 승자로 남았다. 이 문제에 관한 아인슈타인의 회의적인 생각은 틀린 것이었다. 그렇지만 정보가 빛보다 더 빠르게 확산될 수 없다는 그의 규칙은 여전히 유효하다. 양자 얽힘을 정보의 전달에 이용할 수 없기 때문이다. 두 개의 입자가 서로 주고받는 것은 순전히 우연한 결과로 우리로서는 완전히 통제 불가능하다. 내가 입자 중 하나를 조사하여 우연한 측정 결과를 얻고, 내 친구는 화성에 앉아서 양자물리학적으로 얽힌 파트너 입자를 똑같이 측정하면, 우리는 순간적으로 상대방이 어떤 측정 결과를 얻게 될지 알지만 그렇다고 해서 서로 메시지를 주고받을 수는 없다. 입자의 특성을 의도적으로 바꿔서 멀리 떨어져 있는 다른 입자도 똑같이 바뀌게 하는 것은 불가능하다.

양자이론은 요술이 아니다

양자물리학은 우리가 마치 낯선 나라에 사는 것처럼 우리에게 혼란스럽게 다가온다. 우리가 예전에는 아주 당연하게 여겼던 것들이 더 이상 유효하지 않지만 여기에서도 모든 것이 특정한 논리를 따른다. 하지만 안타깝게도 오늘날에도 양자이론을 신비주의적이고 영적인 것으로 몰아가려는 사람들이 있다. 양자우연성과 측정 과정은 인간의 의식과 관련되어 있다고 끊임없이 주장한다. 우리의 측정이 관찰된 시스템을 변화시킨다고 한다면, 측정 결과를 의식적으로 인식하는 것이 자연으로 하여금 스스로를 확정 짓도록 강요하는 것일까? 의식적인 생각을 할 수 있는 존재가 들여다보고 그 결과를 인지하기 전까지 세계는 불확정의 상태인 것인가?

이렇듯 물리학을 신비화하는 것은 아무도 쳐다보지 않으면 달은 존재하지 않는다고 주장하는 것만큼이나 어리석은 것이다. 양자우연성은 어떤 양자시스템이 주위 환경과 접촉함으로써 발생한다. 이런 주위 환경에 의식적으로 사고하는 인간의 뇌, 감정이 없는 계산 기계 또는 혼수상태의 줄무늬 다람쥐가 속하는지는 양자우연성에서는 중요하지 않다. 우리 인간의 의식이 물리학에서 어떤 특별한 역할을 한다는 그 어떤 타당한 물리학적 근거도 존재하지 않는다. 그것은 이중나선 DNA를 가지고 있는 존재만이 양자물리학적 의미에서 측정을 실시할 수 있다든지, 또는 석양의 햇살을 받아본 적이 있는 존재만이 그럴 수 있다고 주장하는 것과 마찬가지다. 때로는 어떤 주장을 반박할 수 없지만 그럼에도 불구하고 그것을 믿는 것이 난센스인 경우가 있다.

안타깝게도 양자물리학에서 관찰자의 역할에 대한 혼란 때문에 불쌍한 양자물리학이 이루 말할 수 없는 허튼짓에 많이 악용되었다. 점성술사와 수맥이나 광맥을 찾아내는 사람들은 난데없이 자신들의 능력이 양자와 관련되어 있다고 주장했다. 그리고 자칭 기적의 치료사들은 자신을 찾아온 고객들에게 자신이 손을 대는 것만으로도 질병을 낫게 할 수 있다고 주장하며 이를 '양자치료'라고 부른다. 그러나 진짜 양자물리학과 이런 허튼 수작은 방금 슈뢰딩거의 고양이에게 잡아먹힌 금붕어가 장대높이뛰기에서 올림픽 금메달을 딴 것만큼이나 전혀 상관없는 것이다.

많은 자연과학자들이 양자물리학의 근본에 대해 생각하는 것이 연구에 중요한 기여를 한다고 여기지 않고 오히려 노화 현상으로 받아들이는 것은 어쩌면 이런 수상한 이야기들에서 비롯된 혼란 때문인지도 모른다. 젊고 활동적인 사람은 물리학적 문제들을 해결하고, 방정식을 풀 수 있을 만큼 머리가 더 이상 빠르게 돌아가지 않는 사람은 양자물리학의 철학적 해석에 대해 기술한다고 여기는 것이다. 양자이론과 같이 막강한 도구를 가지고 있으면 그것을 가지고 연구를 하고 문제를 해결해야지 양자이론의 기본 구조에 대해 골몰하면서 시간을 허비하지 말아야 한다. 물리학자 데이비드 머민(David Mermin)은 이런 관점을 "입 닥치고 그냥 계산하라!"라는 말로 요약했다. 학문적인 성공을 거두고자 하는 사람은 숫자를 계산해야지 인식론에 관한 논문을 쓰고 있으면 안 된다.

이런 관점은 상당히 대중적이며 대학가에 매우 널리 퍼져 있다. 한편으로는 이해가 간다. 지식을 얻기보다는 저자의 지적인 자기 연출에 더욱 기여하는 알맹이 없는 유사과학 저서들은 이미 필요 이상으로 너무나 많다. 다른 한편으로는 "입 닥치고 그냥 계산이나 하라"라는 실용적인 태도에도 조금 안타까운 측면이 있다. 가끔은 과학적인 성과에 대해 그저 감탄만 하는 것이 아니라 한 발짝 뒤로 물러서서 과학 전체를 바라보는 것도 상당히 재미있을 수 있다. 이것은 가치 있고 좋지만 다만 이것을 자연과학이라고 불러서는 안 된다.

다중세계 이론

미국 물리학자인 휴 에버렛(Hugh Everett)은 상당히 급진적인 방식으로 양자물리학의 철학적 뿌리를 흔드는 시도를 했다. 그의 해석에는 우연이 아예 존재하지 않는다. 양자 차원에서 어떤 결정이 내려질 때마다, 중첩 상태에서 확실히 측정된 상태가 될 때마다 우주는 다양한 변이형으로 쪼개지고 모든 가능성은 동일하게 실현된다. 만약 내가 방사능 입자를 잘 밀폐된 상자에 보관했다가 그 입자가 이미 붕괴되었는지를 측정하면 나는 이를 통해 두 가지 다른 현실을 만드는 것이다. 분열된 원자가 담긴 상자가 있는 현실과 온전한 원자가 담긴 상자가 있는 현실이다. 두 가지 버전에서 우주의 나머지는 동일하다. 만약 내가 측정 전에 원자가 온전한 상태일 것이라고 내기를 걸었다면 측정 후에 어쨌든 내가 내기에서 이긴 우주가 존재한다. 하지만 다른 우주에 존재하는 또 다른 나는 내기에서 졌기 때문에 아무런 소득이 없다.

이런 '다중세계 이론'이 우주에 대해 상당히 혼란스러운 생각을 갖게 하는 것은 분명하다. 자연이 계속해서 어디서나 양자 차원에서 결정을 내리고 측정을 실시하면 우주는 매 순간 셀 수 없이 여러 번 쪼개져야 한다. 에버렛의 이론에 따르면 새로운 우주들이 마치 거품 목욕을 할 때의 거품들처럼 보글보글하며 끊임없이 생겨나는 것이다.

많은 사람들은 다중세계 이론을 그다지 좋아하지 않는다. 어쩐지 비경제적이고 이상하고 거추장스럽게 들리기 때문이다. 우리는 가능한 한 적은 수의 기본 요소와 규칙으로 이루어진 간단한 이론들을 좋아한다. 끊임없이 우주가 새로 생겨난다는 것은 불필요하게 복잡하게 느껴진다. 다른 한편으로는 상당히 복잡한 문제에 대답하지 않아도 되는 이점이 생기기도 한다. 양자우연성에서 어떤 가능성이 현실이 될지 누가 결정하는가? 자연은 어떻게 그렇게 즉흥적으로 어떤 행동을 할지 결정하는가?

다중세계 이론을 믿는 사람이라면 이런 질문들로부터 우아하게 빠져나올 수 있다. 애초에 이런 결정을 할 필요조차 없다. 자연은 모든 가능성을 동일하게 실현한다.[14] 따라서 더 이상 양자우연성도 존재하지 않는다. 우리가 보기에는 측정 결과가 우연처럼 보일 수 있다. 우리는 단지 우리의 우주만 인지할 수 있을 뿐 다른 가능성들이 현실이 된 평행우주에서 무슨 일이 일어났는지는 볼 수 없기 때문이다.

에버렛의 이론에 따르면 모든 사람은 수없이 많은 버전으로 수없이 많은 우주에 존재한다. 당신이 로또에 당첨된 평행우주가 존재할 수도 있다. 그러나 어제 당신의 머리 위에 지붕 기왓장이 떨어진 우주도 존재한다. 그리고 아마도 밤새 당신의 콧구멍에서 데이지가 자란 평행우주도 존재할 것이다. 하지만 그다지 많은 데이지가 자라지는 못할 것이다. 양자물리학은 데이지꽃이 갑자기 생겨나는 것을 허용하겠지만 그럴 가능성은 극히 미미하기 때문이다.

그렇지만 대부분의 우주에서 우리는 아예 존재하지 않는다. 어쩌면 우리는 태어나지도 않았고, 진화는 인간을 만들어낸 적이 없으며, 지구는 만들어진 적이 없는지도 모른다. 다중세계 이론을 확대하여 빅뱅의 순간에 이미 서로 다른 자연법칙이 적용되는 여러 개의 우주가 평행으로 존재했다고 보는 시각도 있다. 빛의 속도나 전자의 질량 또는 중력의 크기 같은 자연 상수들이 우연히 생겨나서 평행우주에서는 전혀 다른 가치를 가지고 있는지도 모른다. 한 번도 흥미진진한 일이 벌어지지 않은 우주, 원자조차도 만들어진 적이 없는 우주, 입자들이 각자 영원히 떠돌아다니는 우주도 틀림없이 존재할 것이다. 그리고 우리가 생각할 수 있는 다른 모든 우주도 어디엔가는 존재해야 할 것이다. 축구공 크기의 중성자가 있고 나무에서 초콜릿이 자라는 우주가 존재하지 말라는 법도 없지 않은가?

바로 이 지점에서 다중세계 이론이 재미있는 정신적 유희이기는 하지만 철학적인 문제들을 해결하지 못한다는 점을 발견할 수 있다. 모든 것이 가능하고 모든 가능성이 어떤 평행우주에서 현실이라면 우리의 현실은 대체 무슨 가치가 있을까? 이 현실은 어차피 무수히 많은 현실 중 하나에 불과한 것이다. 내가 룰렛 게임에서 돈을 모두 탕진했다고 해서 화낼 필요가 있을까? 어떤 평행우주에서는 내가 부자이고 행복하며, 그 우주는 우리의 우주만큼이나 실제이다.

그렇지만 우리가 의식하는 경험은 우리가 지금 인지하고 있는 바로 이 우주에서 이루어지고 있다. 평행우주에서의 대안적인 가능성에 대해 골똘히 생각하는 것은 빨간색 곱하기 초록색이 5라면 8 더하기 12가 얼마인지 생각하는 것만큼이나 쓸모없는 일이다. 이런 질문은 아무런 의미가 없고 우리에게 도움이 되는 것도 아니며 답도 없다.

양자 자살

만약 누군가 다중세계 이론에 대해 정말 완전한 확신을 가지고 있다면 숙명적인 실험을 감행해볼 수도 있을 것이다. 슈뢰딩거의 고양이 역할을 직접 맡아보는 것은 어떨까? 측정이 이루어졌을 때 특정한 결과가 나오면 나를 죽이는 양자 우연 발생기 옆에 내가 앉아 있다고 가정해보자. 원자의 붕괴일 수도 있고 또는 다른 양자물리학적 사건일 수도 있다. 나는 어떤 결과를 선택할지 직접 결정할 수 있다. 내가 틀리면 그것으로 나는 끝이고 그 순간에 기계는 엄청난 전기 충격으로 나를 검게 태워버릴 것이다. 하지만 내가 결과를 바르게 예측하면 아무런 일도 일어나지 않고 용기에 대한 대가로 초콜릿을 받게 된다.

양자우연성이 확실한 결정을 가져오며, 측정을 할 때마다 두 가지 가능성 중 한 가지만 실현된다고 믿는 사람은 절대로 이런 실험을 감행하지 않는 것이 좋겠다. 단지 초콜릿을 받겠다고 50퍼센트의 사망 위험성을 감수하려고 하는 사람은 없을 것이다. 그렇지만 다중세계 이론을 신뢰하는 사람이라면 전혀 다른 주장을 펼칠 수 있을 것이다. 두 가지 가능성 모두 실현되고 한 가지 가능성에서 나는 죽게 된다. 그래서 그 가능성은 더 이상 나에게 중요치 않다. 다른 가능성에서 나는 살아 있고 초콜릿을 받게 된다.

이런 끔찍한 사고실험을 '양자 자살'이라고 부른다. '슈뢰딩거의 룰렛'이라고도 부를 수 있을 것이다. 다중세계 이론에 따르면 나는 이런 실험을 마음 내키는 대로 여러 번 반복할 수 있다. 나는 몇 시간 동안 매 분 측정을 실시해서 초콜릿을 산더미처럼 쌓을 수 있으며, 주관적인 관점에서 보면 절대 죽지 않을 것이다. 현실은 엄청나게 많은 수의 평행 현실로 쪼개질 것이다. 그 많은 실험들 중 단 한 가지 우연성 실험에서 운이 좋았다면 그것으로 충분하다. 바로 그것이 내가 살고 있는 현실이기 때문이다.

내가 다른 모든 현실에서 죽었다는 사실이 상관없다면, 그리고 그런 평행우주에 남겨두고 온 가족들에 대한 연민이 없다면 나는 마음 놓고 연이어 300번이나 측정 결과를 예측하고 초콜릿을 산더미만큼 얻어서 갈 수 있다. 나를 지켜보는 다른 사람들에게는 이것이 엄청나고 믿을 수 없는 우연처럼 보일 것이다. 하지만 나 자신에게는 그다지 놀라운 결과가 아닐 것이다. 어떤 평행우주 중 한 곳에서는 성공을 거두기 마련이고 모두 똑같이 현실이기 때문이다.[15]

다중세계 이론은 오늘날 전 세계적으로 유명하지만 그럼에도 불구하고 나는 이런 정신 나간 실험을 진짜로 감행하겠다는 사람을 본 적이 없다. 그래서 다행이다. 단지 자기 자신에게 무언가를 증명해 보이기 위해 목숨을 거는 것은 존재할지도 모르는 평행우주와 상관없이 절대로 현명한 생각이 아니다.

그렇지만 신비로운 것을 좋아하는 사람이라면 우리가 원하든 원하지 않든 이미 모두가 이런 놀이를 하고 있는 것은 아닌지 생각해볼 수 있다. 근본적으로 모든 죽음은 어떤 식으로든 양자 우연성에 의해 정해지는 것이 아닐까? 어떤 광자가 DNA 분자와 만나면 원자 결합이 해체되고 DNA 가닥이 끊어진다. 이것은 아주 일반적인 양자 과정이다. 때로는 이러한 DNA 가닥의 손상이 암을 유발하고 더 나아가 어쩌면 사망에 이르게 하기도 한다.[16] 어떻게 보면 모든 죽음이 우연에 기인하는 것이 아닐까? 만약 다중세계 이론이 맞는다면 우리가 절대로 죽지 않는 것이 가능할까? 우리가 운이 좋고 물리학적으로 생존이 가능한 또 다른 현실이 항상 존재하는가?

이것은 기이한 생각이다. 우리는 수많은 우주에서 죽게 되지만 우리가 아직 살아 있는 몇 개 되지 않는 평행우주에서는 여전히 우리의 복제본이 앉아서 이마의 식은땀을 닦으며 “운이 좋았어. 이번에 정말 다행이었어!”라고 말한다.

과학적으로 봤을 때 이런 생각은 무가치하고 절대 검증 불가능하다. 하지만 양자물리학적 불사(不死)를 좋게 생각하는 사람이라면 물리학적 관점에서 봤을 때 이를 전적으로 믿어도 된다.

왜 어떤 사람들은 좋은 아이디어로도 실패하는가

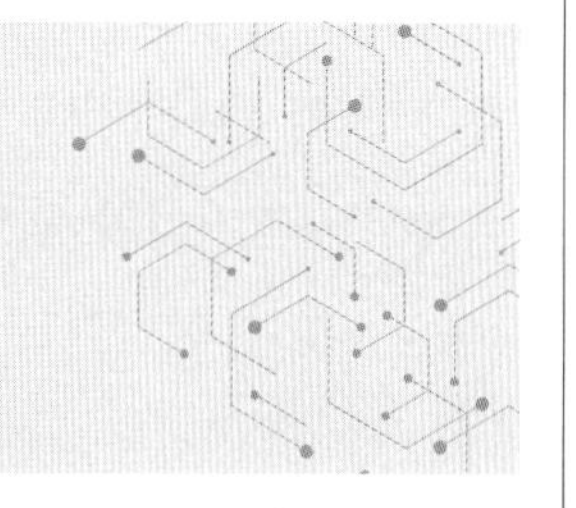

평행우주, 자유의지 그리고 실크해트를 쓴 송아지:
세상이 우연에 의해 돌아가는지는 제대로 대답할 수 없다.
우리는 다른 질문을 해야 한다.

그래서 세상은 우연인 것인가, 아니면 그냥 우연처럼 보이는 것인가? 과학적인 사실들만 가지고는 이 질문에 대답할 수가 없다. 아무튼 오늘날 우리는 우연이 우주의 기본 법칙에 아주 깊숙이 들어 있다는 것을 안다. 카오스 이론은 우리가 우주에 대해 장기적인 예측을 할 수 있다는 희망을 포기해야 한다는 것을 보여주었다. 아주 미세한 오류만으로도 우리의 예측이 완전히 무용지물이 되어버리기 때문이다. 그리고 우리는 양자물리학을 통해 완벽하고 오류가 없는 지식으로도 때로는 충분치 않다는 것을 배웠다. 실험 대상에 대해 모든 것을 알고 있다고 해도 양자 실험의 결과를 예측할 수 없다.

과학철학적 관점에서 봤을 때 이것은 라플라스의 악마에게 강한 타격이 된다. 이에 대해 악마가 그저 웃어버릴지 아니면 구석에서 훌쩍거리며 웅크리고 포기해버릴지는 말하기 어렵다.

부분과 전체

우리 인간은 우주의 한 부분이다. 그렇기 때문에 우주 전체를 우리의 제한적인 머릿속에 넣는 것은 절대 불가능하다. 우리가 우주를 설명하려고 한다면 단순화 정도로 만족해야 한다. 우리는 문제를 작은 영역에 국한하면서 나머지는 무시할 수 있다고 여긴다. 이렇게 하는 것은 대부분의 경우 아무런 문제가 없다. 내가 커피머신을 수리하려고 할 때 한국 대통령의 이름을 알 필요는 없다. 내가 태양의 온도를 계산할 때 금성의 자전 속도가 어떻게 되든 신경 쓸 필요가 없다. 의사가 골절된 내 다리를 살펴볼 때 내 이웃집 남자의 치통에 대해서는 전혀 관심을 갖지 않는다. 하지만 때로는 이런 단순화가 완벽하게 작동하지 않는 경우가 있다. 이 세계는 때로 깔끔하게 독립된 부분으로 쪼개는 것이 불가능하다. 우리가 우연이라고 부르는 것은 바로 이런 이유에서 비롯된 경우가 많다.

양자우연성을 조금 더 자세히 살펴보자. 홀로 있는 양자 입자의 행동은 얼마든지 예측 가능하다. 하지만 일단 측정이 이루어지고 나면 혼란스러워진다.[17] 우리가 입자를 가만히 내버려두는 동안에는 우연이 나타나지 않는다. 입자를 측정 장치로 측정할 때, 세계의 나머지와 접촉하게 될 때, 그리고 그 입자를 다른 입자들과 구분해서 바라보는 것이 더 이상 의미가 없을 때 예측 가능성은 끝이 난다.

하지만 이런 사실을 놀라워해서는 안 된다. 우리가 입자의 행동을 계산하면 그 계산을 통해 입자, 측정 장치 그리고 물리 실험실의 행동을 예측할 수 있다고 기대해서는 안 된다. 계산을 더 단순화해서 오직 입자만 염두에 두고 세계의 나머지는 무시하면 당연히 오류를 범하게 된다. 측정 장치가 개입되는 바로 그 순간에 우리의 예측 가능성이 무너지는 것은 그리 놀라운 일이 아니다. 측정 장치는 우리의 계산에 포함되어 있지 않기 때문이다.

양자물리학의 문제는 우리가 항상 세계의 일부분만을 볼 수 있다는 사실에 기인한다. 완전히 무시해버리기는 힘든 성가신 나머지가 우리를 어려움에 빠지게 만든다. 이렇게 보면 양자우연성은 카오스 이론을 통해 발생하는 우연과 매우 비슷한 점이 있다. 카오스 이론에서도 정확한 예측이 실패하는 이유는 결국 우리가 절대 우주 전체를 완벽하고 정확하게 계산에 넣지 못하기 때문이다. 예를 들어 목성의 위성인 유로파에서 흔들거리는 얼음덩어리를 무시하는 것처럼, 계산이 현실에서 아주 조금만 벗어나도 우리의 예측은 완전히 무용지물이 되어버릴 수 있다. 미래를 완벽하게 예측하는 것은 불가능하다. 모든 것이 서로 관련되어 있는데 우리의 제한된 계산 능력과 시간 그리고 두뇌로는 모든 것을 동시에 분석하는 것은 불가능하기 때문이다.

악마의 세계

우리의 우주 바깥쪽에 앉아서 우리의 우주 전체를 유일하고 거대한 양자 파동이라고 설명할 수 있는 라플라스의 악마는 이 세계를 어떻게 바라볼까? 우리는 알지 못하고 감히 생각해볼 수도 없다.

온 세상을 예측할 수 있다는 라플라스의 악마에 관한 생각은 양자물리학의 발견 이후에는 다중세계 이론을 개입시키면 간신히 살아남을 수 있다. 우리는 악마가 우리의 우주를 측정할 수 없이 많은 가능성들이 있는 매우 복잡한 중첩 상태로 인식한다고 추측해볼 수 있다. 커다란 가능성에 싸여 있는 셀 수 없이 많은 평행우주들의 군집이라고 보는 것이다. 이런 이야기는 이해할 수 없고 정신 나간 소리처럼 들린다. 우리는 모든 것을 알고 있는 악마가 아니기 때문이다. 우리는 이런 것을 상상할 수 없지만 고양이가 계산기를 가지고 놀듯이 즐겁게 이런 생각들을 한 번쯤 해보는 것은 누구도 막을 수 없다. 이때 생산적인 결과물을 얻을 수 있을지 여부는 전혀 다른 문제다.

우리 우주 바깥에 있는 악마는 현실에 대해 우리 인간과는 완전히 다른 그림을 갖고 있을 것이다. 측정 과정과 관련된 복잡하고 세세한 부분들은 신경 쓸 필요조차 없을 것이다. 측정은 우주의 한 부분이기 때문에 그의 계산에 포함되어 있을 것이다. 만약 악마가 빅뱅의 순간 우리 우주의 상태를 안다면 이런 정보를 통해 관련된 모든 순간들의 모든 평행적인 가능성들을 계산해낼 수 있을 것이다. 그는 모든 평행 현실 또는 평행우주를 동시에 머릿속에 담고 있을 것이다. 이런 모든 가능성의 총체가 악마에게는 주어진 초기조건들에 따른 논리적이고 불가피한 결과일 것이다. 여기에 우연이나 자의적 결정이 끼어들 자리는 없다.

우리는 우주를 내부에서 바라볼 수밖에 없고 모든 결정 때마다 한 가지 가능성밖에 경험할 수 없기 때문에 양자우연성은 우리에게 우연처럼 느껴진다. 그러나 외부에 앉아서 모든 가능성에 대해 동시에 생각할 수 있는 악마가 보기에 세계의 상태는 완벽한 시계 장치의 톱니바퀴가 돌아가는 것처럼 불가항력적이고 불가피한 것으로 보일 수 있다. 우리에게 아주 우연처럼 보이는 어떤 실험의 결과가 악마에게는 전혀 대수롭지 않은 것이다. 악마는 모든 가능한 결과들을 한꺼번에 본다. 그리고 악마는 동시에 같은 장소에서 우리가 실험을 실시하지 않은 현실, 우리가 모두 코를 초록색으로 칠하기로 결심한 현실, 또는 8월에 하늘에서 초콜릿 쿠키가 비처럼 떨어지는 평행 현실을 본다.

"그런데 내가 지금 살고 있는 나의 세계는 우연인가? 나의 개인적인 미래는 이미 정해진 것인가?" 하고 우리는 악마에게 절망적인 물음을 던진다. 하지만 악마는 그저 우리를 비웃을 뿐이다. 이런 질문은 그에게 아무런 의미가 없다. 악마에게는 개별적인 현실은 존재하지 않으며, 모든 가능성들이 동시에 존재할 뿐이다.

취향의 문제

적어도 그럴 가능성은 있다. 세계를 무한히 많은 현실들이 서로 다투는 혼란스러운 양자 카오스로 바라보는 것에 이의를 제기할 수 없다. 하지만 전혀 다를 수도 있다. 어쩌면 평행우주와 관련된 얘기들은 완전히 난센스일지도 모른다. 어쩌면 실제로 단 하나의 현실만 존재하고 우주는 매 순간 명백한 결정을 내리는 것인지도 모른다. 어쩌면 양자우연성의 결정들은 이미 아주 오래전부터 비밀스러운 방식으로 정해져 있는지도 모른다. 또 어쩌면 우리 우주 바깥쪽에 실크해트를 쓴 줄무늬 송아지가 살고 있으며 양자 실험의 결과를 정하고 그럼으로써 우리의 운명을 정하고 있는 것인지도 모른다.

이런 주장 중에서 어떤 것이 진실인지 말해줄 수 있는 사람은 아무도 없으며, 우리 역시 무엇이 진실인지 절대 말할 수 없을 것이다. 양자우연성이 진짜인지 아니면 거짓인지 알아볼 수 있는 실험을 고안해내는 것은 불가능하다. 우리가 이번에 측정하지 않은 다른 양자물리학적 가능성이 평행우주에서 현실이 되었는지 확인할 수도 없다.

우리가 세계의 진짜 진실을 절대 알 수 없을 것이라는 사실에 대해 슬퍼하고 애통해할 수 있다. 또는 세계의 진짜 진실을 우리 스스로가 선택할 수 있다는 것에 대해 기뻐할 수도 있다. 검증 가능성이 끝나는 지점에서 과학은 취향의 문제가 되기 때문이다.

자연법칙을 뒤흔들어놓을 수는 없다. 중력이 마음에 들지 않는다며 반(反)중력 부적을 지닌 채 비행기에서 뛰어내리면 결국에는 패배자가 된다. 과학은 비록 자신이 믿지 않는다고 해도 맞는 것이다. 그렇지만 어떤 문제들은 과학적인 사실들을 가지고도 대답이 되지 않는다. 어떤 측정 장치로도 피카소나 칸딘스키 중에서 누가 더 위대한 예술가였는지 또는 해왕성과 천왕성 중에서 어떤 행성이 더 아름다운지 결정지을 수 없다. 이와 마찬가지로 우리 자연에 근본적인 우연이 존재하는지 아니면 세계의 운명이 이미 오래전에 미리 자연법칙에 의해 정해진 것인지는 결정지을 수 없는 것이다.

자유의지

어떤 사람들은 양자우연성이 자연법칙의 강제에서 벗어나는 것처럼 보이기 때문에 좋아한다. 우리가 단지 착실하고 원만하게 물리학의 기본 방정식을 따르는 입자들로만 구성되어 있고, 어떤 순간이 앞서 일어난 것에 필연적으로 따른다면 우리의 결정들 역시 자연법칙에 의해 이미 예정되어 있는 것이 아닐까? 그러한 우주에 자유의지가 들어갈 자리가 있을까? 우주의 기본 법칙에 내재되어 있는 근본적인 우연이 어쩌면 우리가 의식적이고 자주적인 존재로서 세계의 흐름을 변화시킬 수 있는 전제가 되는 것은 아닐까?

그렇지 않다. 이런 생각은 따뜻하고 포근한 기분이 들게 할지는 모르지만 우리에게 아무런 도움이 되지 않는다.

우연이 무엇 때문에 우리를 더 자유롭게 만든다는 것일까? 왼쪽 열두 번째 뇌세포의 양자우연성에 의해 내가 어떤 결정을 내렸다면 나는 자유롭게 결정을 내린 것일까? 당연히 그렇지 않다. 내가 인간으로서 나의 견해를 가지고 내적인 고민을 거쳐 어떤 결정을 내렸을 때 자유의지라고 말할 수 있는 것이지, 그냥 우연히 현실에 던져진 양자에 의한 것은 자유의지라고 할 수 없다.

세계는 엄격한 자연법칙을 따르고, 모든 사건은 특정한 원인의 명백한 작용이며, 모든 것은 변경 불가능하게 정해져 있다. 또는 자연법칙에 아랑곳하지 않는 우연이 어딘가에 앉아서 아무런 원인도 없는 결과들을 마구 뱉어낸다. 얼핏 보기에는 두 가지 모두 우리가 생각하는 자유의지가 아닌 듯 보인다.

인간의 뇌에서 양자우연성이 중요한 역할을 하는 구조를 찾아내려고 진지한 시도를 하는 과학자들이 있다. 이런 노력들이 어느 날 성과를 거두게 된다고 해도 자유의지의 철학적 문제에 중요한 기여를 하지는 못할 것이다. 인간의 자유는 양자 입자나 근본적인 자연법칙 그리고 양자우연성으로 알아낼 수 있는 것이 아니다.

우리 머릿속에는 의지의 자유라고 부르는 감각이 있다. 이것은 사실이고 우리는 이런 사실을 인정해야 한다. 이와 함께 자유의지가 있다. 자유의지가 우리 뇌세포의 활동에 기인하고, 이런 뇌세포의 활동이 화학적 그리고 물리적 반응의 결과에 불과한 것인지도 모른다. 하지만 그렇다고 해서 우리가 물리학의 영역에서 의지의 자유에 대해 논할 수 있다는 것을 의미하지는 않는다. 이와는 전혀 상관없는 개념이다. 우리가 파파야의 화학적 성분들을 보기 좋게 적어놓는다고 해서 다른 사람에게 파파야가 무슨 맛인지 설명할 수 있는 것은 아니다. 이런 생각들은 우리에게 아무런 도움이 되지 않는다.

어쩌면 어느 날 완전히 새롭고 더 포괄적인 과학 이론이 등장해서 우리가 우연과 예측 가능성에 대한 새로운 생각을 갖게 될지도 모른다. 그렇지만 우리의 세계가 어떻게 형성되었는지에 대한 최종적인 확신은 절대 갖지 못할 것이다. 우리 우주 너머에 있는 또 다른 현실과 우리가 원칙적으로 관찰할 수 없는 것들에 대해 결코 확신에 찬 진술을 하지 못할 것이다. 이런 사안에 대한 모든 의견은 우리가 관찰한 것들과 모순되지 않는 동안에는 유효하다.

물론 조금 더 영리하고 덜 영리한 이론들의 차이는 존재한다. 실크해트를 쓴 송아지가 우리의 우주를 단호한 발굽으로 지휘한다고 믿는 사람이 있다면, 나는 실험을 통해 그에게 반박할 수는 없지만 그래도 그가 미쳤다고 여길 만한 충분한 이유를 가지고 있다. 그렇지만 검증할 수 없는 세계관에 대한 토론에서는 옳고 그른 것이 분명하게 판가름 나는 자연과학에 대해서보다는 조금 더 관대할 수 있고 인내를 발휘할 수도 있다.

우리는 좀 더 나은 질문을 해야 한다

자연의 기본 법칙에 우연이 포함되어 있는지에 대한 명백한 대답은 없고 그저 받아들일 만한 의견들만 있다면 그것은 어쩌면 우리가 잘못된 질문에 집중했기 때문일 수도 있다. 다음과 같은 질문들이 훨씬 더 흥미롭다. 언젠가 우리의 미래를 예측할 수 있는 컴퓨터를 만드는 것이 가능할까? 뉴턴과 그의 동시대 사람들은 어쩌면 이를 가능하다고 여겼을지도 모른다. 하지만 오늘날에는 그런 기계를 만드는 것이 절대 불가능하다는 것을 안다. 설령 은하계 끝에 외계 생명체가 살고 있고 그 생명체의 정신력이 우리 인간의 지능을 마치 태양이 반딧불이의 빛을 잃게 하는 것처럼 능가한다고 할지라도, 그리고 이 외계 생명체가 우리에게는 순전히 마술처럼 느껴지는 고도의 기술을 발전시켰다고 할지라도, 카오스 이론과 양자물리학의 한계는 이런 깜찍한 외계 생명체가 만든 가장 뛰어난 계산기로도 극복하지 못할 가능성이 높다.

순전히 가정으로만 존재하는 라플라스의 악마가 이 세계를 분석하고 째깍째깍 움직이는 시계의 톱니바퀴 장치처럼 미리 계산할 수 있다는 것은 근본적으로 우리와 아무런 상관이 없다. 어차피 우리가 모든 것을 아는 것은 불가능하고, 그렇기 때문에 우리가 전혀 이해할 수 없는 일들이 계속 일어날 것이다.

빈 공과대학교 이론물리학 연구소에는 몇 년 전부터 교수, 조교 그리고 대학생들이 정성껏 지키는 의식이 있다. 바로 초콜릿 내기다. 누군가 숫자로 대답할 수 있는 문제를 내고 모두가 짐작되는 숫자를 말한다. 정답에 가장 가까운 숫자를 말한 사람이 이기게 되고 다른 사람들은 모두 초콜릿을 가지고 와서 휴식 시간에 함께 나눠 먹는다. 이런 전통의 유일한 목적은 초콜릿 재고가 절대 바닥을 드러내지 않게 하는 것이다. 무엇에 대한 내기를 하는지는 전혀 무의미하다. 질문은 물리학과 관련이 없어도 되고, 지식을 얻거나 상을 주려고 하는 것도 아니며, 단순히 우연 발생기로서의 역할을 할 뿐이다. 현재 그리니치의 기온은 몇 도인가? 루마니아의 국회의원 선거 결과는 어떻게 나올 것인가? 크립톤의 원자질량은 얼마인가?

이런 질문들은 각각 완전히 다른 이유 때문에 대답하기 힘들다. 그리니치의 날씨는 실제로 카오스와 기본적인 예측 불가능성과 관련이 있고, 루마니아의 정세는 복잡한 사회 상황에 달려 있으며, 크립톤의 원자질량은 이론의 여지 없이 정해져 있지만 우리가 외우고 있지 않을 뿐이다. 그렇지만 이 세 가지 질문 모두 초콜릿 내기를 하기에 적합한 질문들이다. 세 가지 질문에 대해 우리가 순간적으로 정확하게 대답하는 것은 불가능하기 때문에 우리가 하게 되는 대답들은 우연이다.

우리 인간에게 우연은 사실이며, 우리가 원하든 원하지 않든 삶의 일부분이다. 가장 깊은 원인이 어디에 숨어 있는지 연구하는 것은 우리에게 별로 도움이 되지 않는다. 이런 사실을 깨달으면 다른 질문으로 넘어갈 수 있다. 우연의 영향을 조사하는 것이 훨씬 더 의미가 있다. 우연은 이 행성에 사는 우리와 다른 생명체들에게 어떤 의미가 있을까? 우리의 정신은 우연을 어떻게 다루는가? 왜 우리는 번번이 우연을 잘못 판단해서 힘들게 번 돈을 카지노에 버리고 오는 것일까? 설명할 수 없는 초감각적인 현상들은 존재하는가, 아니면 사실은 그냥 의미 없는 우연한 사건에 불과한 것인가? 어떤 사람들은 부자가 되고 어떤 사람들은 좋은 아이디어를 가지고도 실패하는 것은 우연인가?

우연이 지배하는 세계에서 이런 질문들은 중요하다. 이런 질문들을 우리는 조금 더 자세히 생각해봐야 한다.

유전자 복권

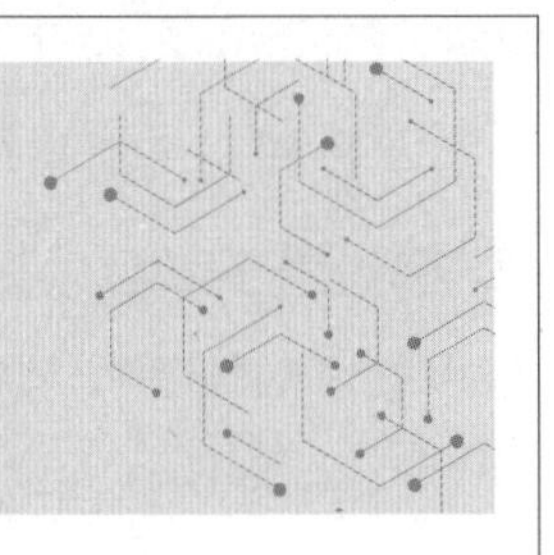

눈이 다섯 개 달리고 길쭉한 주둥이가 있는 동물, 아놀리스 도마뱀의 계보
그리고 인류의 종말:
진화는 우연과 많은 관련이 있지만 순전히 행운 게임인 것만은 아니다.

오파비니아는 배가 고프다. 그래서 해저 바닥을 따라 헤엄치면서 먹이를 찾는다. 오파비니아만큼 낯설고 독특한 동물은 사실 드물 것이다. 몸의 길이는 몇 센티미터에 불과하고 체절로 된 몸의 측면에는 나뭇잎처럼 생긴 다리(葉)들이 있다. 그리고 다섯 개의 눈으로 세상을 바라본다. 놀라울 정도로 긴 주둥이 끝에는 집게 같은 것이 달려 있어서 먹이를 집어 머리 아랫부분에 있는 입으로 가져다 넣을 수 있다.

5억 년이 지난 오늘날 오파비니아 레갈리스(Opabinia regalis)는 다른 유사한 종들과 함께 모두 멸종되었다. 캐나다의 화석 저장소인 버지스 셰일(Burgess Shale)에서만 이 이상한 동물의 흔적이 발견되었다. 오파비니아와 아주 조금이라도 닮은 생명체와 마주쳐본 사람은 아무도 없다. 오파비니아는 우리처럼 내부에 뼈대를 갖고 있지 않고, 다섯 개의 눈은 오늘날 척추동물들의 눈과는 완전히 다르게 작동하며, 집게가 달린 주둥이는 우리의 손과는 완전히 다르다. 그럼에도 불구하고 우리는 서로 관련되어 있다. 우리는 같은 행성에 살았고, 동일한 진화 역사의 일부분이며, DNA의 화학 구조가 동일하다.

목성의 위성인 유로파에는 살을 에는 추위가 맹위를 떨친다. 태양으로부터 지구보다 다섯 배나 멀리 떨어져 있으며, 유로파를 뒤덮고 있는 두꺼운 얼음층을 녹일 만큼 광도(光度)가 충분치 않다. 그렇지만 이 위성을 따뜻하게 만드는 다른 에너지원이 있다. 유로파는 목성의 엄청난 질량에 의해 끊임없이 주물러진다. 유로파에 작용하는 기조력은 엄청나게 강해서 내부의 마찰을 유발한다. 그래서 유로파의 얼음층 아래 물이 흐르는 대양이 존재한다고 추측하기도 한다. 어쩌면 그곳에는 심해 화산도 있어서 어떤 지점의 물을 따뜻하게 만들고 생명체의 생성을 가능하게 할지도 모른다. 유로파의 얼음층 밑에 완전한 생태계가 감춰져 있는 것은 아닐까? 가능성을 완전히 배제할 수는 없다. 우리 태양계 어딘가에서 외계 생명체를 발견할 수 있다는 희망을 갖는다면 유로파는 그럴 가능성이 가장 높은 천체에 속한다.

어쩌면 언젠가 첫 무인 우주탐측기가 유로파의 황량한 얼음층 위에 착륙할지도 모른다. 그리고 로봇이 구멍을 파기 시작한다. 얼음층을 수킬로미터 파고들어간다. 지구에 있는 중앙 관제소에서 긴장하며 이런 모습을 지켜본다. 유로파의 내부에서 정말로 생명체를 발견하게 된다면 그 생명체는 우리와는 완전히 다른 환경에서 발전한 것이다. 영원한 얼음에 의해 우주의 나머지와 단절된 채 끝없는 어둠 속에서 살아온 것이다. 그곳에 커다랗고 복잡한 유기체들이 있다고 가정해보면 과연 어떤 모습일까? 지구에 살고 있는 물고기들처럼 지느러미가 있고 유선형의 몸체를 지녔을까? 우리와 관련되어 있다는 오파비니아조차 믿을 수 없이 낯설게 느껴지는데 다른 천체에 살고 있는 생명체들은 훨씬 더 이상하게 생기지 않았을까? 서로 완전히 다른 두 곳에서 진화가 시작된다면 비슷한 생명체를 만들어낼까, 아니면 진화의 결과는 우연인 것일까?

진화는 우연의 결과인가

진화가 우연과 많은 관련이 있다는 사실에는 이론의 여지가 없다. 우리 모두는 유전자 로또의 다채로운 우연의 조합으로 만들어졌다. 우리의 세포에는 23개의 다양한 염색체가 있고 모두 한 쌍으로 이루어져 있다. 염색체의 크기에 따라 번호가 매겨져 있다. 큰 1번 염색체는 약 2억 5천만 개의 염기쌍이 DNA 이중나선 사이에 작은 밧줄 사다리의 발판처럼 배열되어 있다. 22번 염색체는 이 숫자의 5분의 1에 불과하다. 성염색체인 23번 염색체에는 X염색체와 Y염색체가 있다.

모든 염색체마다 아버지에게 받은 것과 어머니에게 받은 것이 있어서 우리의 신체세포는 모두 46개의 염색체를 가지고 있다. 오징어는 12개, 개는 78개, 침팬지와 시클라멘은 48개의 염색체를 가지고 있다. 이런 염색체의 숫자는 더 깊은 의미를 지니고 있지 않으며 어떤 생명체가 얼마나 복잡한지 또는 고등 생명체인지와는 아무런 상관이 없다.

부모님이 우리에게 어떤 유전자를 물려주었는지는 순전히 우연이었다. 난자세포와 정자세포가 만들어질 때 부모의 유전물질이 아주 우연히 절반으로 줄어들어 23개의 염색체만 갖게 되고, 난자세포와 정자세포가 다시 함께 46개의 염색체를 이룬다.

이때 염색체가 온전히 전달되는 것은 아니다. 우리가 아버지로부터 물려받은 7번 염색체는 우리 아버지가 가지고 있는 7번 염색체와 일치하지 않으며 조합된 것이다. 난자세포와 정자세포가 만들어지면 염색체들은 교차해서 새로 조합된다.[18] 만약 그렇지 않다면, 즉 모든 염색체들이 세대에서 세대를 거쳐도 변하지 않는다면 아주 적은 수의 유전자 조합만 가능할 것이다.

그렇게 되면 가령 자신의 어머니에게서 물려받은 염색체만 아이에게 전달되는 것도 가능하다. 각 염색체 쌍의 가능성은 50퍼센트이고, 23개의 염색체 쌍의 경우 가능성은 약 800만분의 1이다. 유전적으로 자신의 할아버지와 전혀 친척 관계가 아니고 대신 유전자의 절반이 할머니와 동일한 아이가 나올 수 있는 것이다. 하지만 염색체는 매번 새롭게 조합되기 때문에 우리의 DNA에는 우리 조부모의 유전자가 모두 담겨 있다.

이 외에도 우연의 중요한 원천이 있는데 이것 없이는 진화가 아예 불가능했을 것이다. 바로 자연 돌연변이다. 우리 DNA 속에 저장되어 있는 정보는 변할 수 있다. 때로는 세포분열 중에 DNA를 복제할 때 우연히 오류가 발생하기도 하고 외부의 영향에 의해 DNA의 어떤 부분들이 변할 수도 있다.

특정한 화학물질들이 DNA 변이를 야기할 수 있고 또한 특정한 종류의 방사선도 DNA 변이를 일으킬 수 있다. 이런 과정은 원자와 분자 영역에서 이루어지는데 바로 여기서 양자우연성이 결정적인 역할을 한다. DNA가 방사선원의 광자를 맞게 되면 이 광자가 아무런 영향도 주지 않고 DNA 구조를 그냥 통과해서 날아갈 수 있다. 그러나 광자가 어떤 특정한 부분에 흡수되어 두 개의 원자의 결합을 파괴해서 돌연변이를 일으킬 수도 있다. 이 두 가지 가능성 중에서 자연이 어떤 가능성을 선택할지는 완전히 예측 불가능하다.

유전자에게 중요한 것은 복제되는지 여부다

모든 생명체는 우연히 새롭게 조합된 DNA를 가지고 이 세상에 태어난다. 우연히 똑같은 DNA를 가진 사람이 언젠가 태어났을 가능성은 극히 미미하다. 그런데 우리 유전자 정보 물질의 총량이 상상할 수 없을 정도로 큰 것은 아니다. 난자세포 또는 정자세포의 모든 염색체에는 약 33억 개의 염기쌍을 위한 저장 공간이 있다. 모든 곳에는 가능한 네 개의 염기쌍 중 한 개가 들어 있다. 이렇게 해서 그곳에 저장되어 있는 전체 정보를 계산해보면 약 800메가바이트가 나오는데 이는 충분히 파악 가능한 정도다. 우리의 전체 DNA보다 여행 갔을 때 찍어온 동영상이 더 많은 저장 공간을 차지한다. 그리고 우리 모두가 유전적으로 상당히 비슷하고 내 유전자의 상당 부분이 2층에 사는 이웃집 사람들과 일치한다는 것을 생각해보면 다음과 같은 사실을 알 수 있다. 두 사람의 유전적 차이는 해상도 높은 사진 몇 장보다 더 많은 저장 공간을 필요로 하지 않는다. 그리고 이런 얼마 되지 않는 정보 속에 우리를 유전적으로 서로 구분되게 하는 모든 정보들이 들어 있다. 눈동자 색깔에서 코의 형태, 혈액형에서 뼈대에 이르기까지 말이다.

부모로부터 우연히 조합된 800메가바이트 곱하기 2의 유전자 정보를 가지고 우리는 삶을 시작한다. 어떤 사람이 이런 생물학적인 기본 구성을 가지고 성공을 하고 살아남으며 자신의 유전자를 다음 세대에 전달할 수 있을지는 셀 수 없이 많은 우연한 사건들에 달려 있다. 하지만 적어도 과거를 살펴보면 우리의 출발점은 상당히 좋아 보인다. 우리의 가족은 번식 성공을 이어오고 있다. 모든 가족들이 그렇다. 우리 조상들은 모두 예외 없이 충분히 오랫동안 살아남아서 후손을 생산하는 위대한 업적을 이루는 데 성공했다. 만약 그렇지 않았다면 우리는 없었을 것이다. 우리의 DNA가 세계사의 흐름 속에서 계속 살아남았다고 해서 우리의 유전 정보가 마음의 준비를 해놓은 역경에만 부딪히는 것은 아니다. 끊임없이 변화하는 환경은 어떤 유전자들이 쓸모가 있고 없는지 늘 새롭게 평가한다.

진화가 어떻게 이루어지는지는 기린을 예로 들어 자주 설명하곤 한다. 아프리카 어딘가에 높은 나무에 달린 초록색 잎사귀를 즐겨 먹는 동물들이 살고 있다. 목이 조금 더 긴 동물들과 조금 더 짧은 동물들이 함께 평화롭게 살아간다. 그렇지만 목이 조금 더 긴 동물들이 확실히 유리한 점이 있다. 목이 긴 동물들은 목이 짧은 동물들이 닿지 않는 조금 더 높은 곳에 있는 나뭇잎에도 닿을 수 있다. 따라서 목이 더 긴 동물들이 어려운 시기에 살아남을 가능성이 더 높고, 이 동물들의 후손 숫자는 평균적으로 조금 더 많을 것이다. 긴 목을 주관하는 유전자가 더 많이 번식에 성공하면 이 동물들의 다음 세대는 평균보다 조금 더 긴 목을 갖게 된다. 이런 식으로 여러 세대를 거치면서 기린 같은 동물들이 생겨난다.

이 이야기는 명쾌하고 이해하기 쉬우며 교훈적이다. 다만 한 가지 거슬리는 단점이 있다. 바로 이 이야기가 틀렸다는 것이다. 자세한 연구 결과 기린들은 보통 목이 짧아도 아무런 문제없이 닿을 수 있는 식물들을 먹는다는 것이다. 목이 긴 것은 어린이들의 그림책에 등장하기에는 조금 부적절한 완전히 다른 이유 때문이다. 수컷 기린들은 상당히 잔인한 서열 싸움을 벌이는 데 긴 목을 이용한다. 수컷 기린들은 서로 머리와 목을 이용해서 싸우고 암컷 기린들은 이런 모습에 열광한다. 평상시에는 긴 목이 도움이 되기보다는 오히려 방해가 되지만 성적인 이유에서 이점이 된다. 마치 수컷 공작새의 멋진 깃털과 비슷하다고 볼 수 있다.

이것은 진화가 얼핏 보기보다 훨씬 복잡하다는 것을 보여준다. 찰스 다윈은 갈라파고스 제도에서 그 유명한 피리새를 연구했는데, 피리새의 부리는 서로 다른 먹이 전략에 따라 적응되었다. 단지 이런 사례들만 생각하면 종의 기원이 우연에 의해 생겨난 최적화 과정이며, 생물들은 수백만 년이 흐르면서 완벽한 적응이 이루어질 때까지 환경에 맞춰간다고 생각할 수 있다. 하지만 이것은 날씨가 시간이 지나면서 대기의 조건에 맞춰가는 우연한 과정이라고 여기는 것만큼이나 잘못된 생각이다. 언젠가 최적의 기상 상태가 나타나고 전 세계의 공기가 안정적인 균형 상태를 이룰 것이라고 기대한다면 실망할 수밖에 없다. 그런 일은 절대로 일어나지 않는다.

다윈의 생각이 기본적으로 옳았다는 것은 오늘날 더 이상 의심하지 않는다. 신체적 특징을 나타내고 생존과 번식에 유리한 유전자는 다른 유전자들보다 평균적으로 더 많이 유전된다. 이것이 진화의 원동력이다. 하지만 생물학에서는 여러 작용들이 합쳐졌을 때 이상한 결과를 초래하기도 한다. 어떤 특징이 어째서 유전되었는지 첫눈에 알아보기는 쉽지 않다.

가령 생존에 아무런 영향을 미치지 않는 특징들이 승리하기도 한다. 그런 특징들이 우연히 유행 중이기 때문이다. 암컷은 번식을 위해 이런 특징을 인상적으로 나타내는 수컷을 찾는다. 이런 특징이 다른 암컷들에게도 매력적으로 받아들여진다는 것을 확인했기 때문이다. 이렇게 함으로써 암컷은 자신의 수컷 자손이 이런 특징을 갖고 태어나고 이 수컷 자손도 다른 암컷들에게 성공적으로 선택받을 수 있는 가능성을 높인다. 유행을 따르는 목적은 단순히 자신의 자손 숫자를 늘리기 위해서다.

때로는 심지어 각 개체에게는 진짜 단점이 되는 특징들이 승리하는 경우도 있다. 가령 지나치게 긴 꽁지깃 때문에 움직임에 제한을 받는 새들이 있다. 그래도 그것이 암컷 새들에게 좋은 반응을 불러일으킨다. 이렇게 뚜렷한 단점을 가지고 있는 새가 살아남을 수 있었다면 분명 아주 특별하게 좋은 유전자를 가지고 있을 거라고 여기는 것이다.

또한 진화생물학에서는 어떤 종이 일정한 조건을 지닌 변하지 않는 환경 내에서는 절대 진화하지 않는다는 점을 염두에 두어야 한다. 생태계의 모든 종들은 끊임없이 서로 교류하면서 모두 함께 변화한다. 피식 동물은 쉽게 잡아먹히지 않기 위해 강한 갑옷을 발달시킨다. 포식 동물은 이 철갑을 뚫을 수 있게 더 강한 이빨을 발달시킨다. 결국에는 양쪽 다 아무런 이득을 갖지 못한다. 마치 팝스타의 공연에서 모든 관객이 잘 보기 위해 발뒤꿈치를 드는 것과 같은 이치다. 모두가 점점 힘들어지고 마지막에 이득을 보는 사람은 아무도 없지만 전체 시스템은 흥미로운 방식으로 발전된다. 많은 이들의 상호작용을 통해 다시 흥미진진하고 새로운 것이 만들어진다.

우리는 진화를 더 이상 강한 자가 잔인하게 밀고나가는 '생존을 위한 싸움'으로 보지 않는다. 오늘날에는 이타주의와 기꺼이 협력하려는 자세도 진화적 이점을 가져올 수 있다는 것을 수학적인 모형을 이용해서 설명할 수 있다. 청소부 물고기는 더 큰 물고기의 기생충을 제거해주면서 살아간다. 이를 통해 양쪽 다 이득을 얻는다. 여기서 주목할 만한 사실은 그 후에 큰 물고기가 청소부 물고기를 잡아먹지 않는다는 것이다. 이것은 아마도 양쪽 모두에게 진화적으로 이득이 되는 전략이었을 것이다. 이렇듯 진화의 과정은 때로는 상당히 복잡하며 항상 첫눈에 이해되는 것은 아니다.

특히 동일한 종 사이의 협력과 이타주의를 자주 관찰할 수 있다. 이것은 특별히 놀라운 사실은 아니다. 결국은 서로 같은 유전자를 많이 가지고 있기 때문이다. 아주 밀접한 관계에 있는 개체를 도움으로써 자신의 유전자를 다음 세대에 전달할 수 있는 가능성을 높인다. 유전학적 관점에서 봤을 때 내가 직접 번식을 해서 세상에 많은 자손을 남기든 아니면 나의 유전자를 많이 가지고 있는 다른 개체가 살아남아 번식할 수 있도록 보살피든 아무런 상관이 없다. 두 경우 모두 나의 유전자가 살아남을 수 있도록 한 것이다.

이를 통해 부모가 자녀를 돌보는 이유를 설명할 수 있다. 마찬가지로 형제자매 간의 사랑도 설명할 수 있다. 자신의 자녀와 마찬가지로 형제자매와도 밀접한 혈연관계이기 때문이다. 그런데 나의 유전자를 많이 번식시켜서 내가 얻는 이익은 대체 무엇인가? 유전자를 복제하는 것이 왜 의미 있는 목표란 말인가? 영국 진화생물학자인 리처드 도킨스(Richard Dawkins)는 이에 대한 독창적인 대답을 내놓았다. 바로 이 질문은 잘못됐다는 것이다. 우리가 생명체로서 이익을 얻는지 여부는 전혀 결정적인 역할을 하지 않는다. 어쩌면 진화를 개체의 관점에서가 아니라 각 유전자의 관점에서 바라보는 것이 의미가 있을지도 모른다. 유전자에게 중요한 것은 복제되는지 여부다. 그 밖의 모든 것은 중요하지 않다.

유전자는 내 기분 따위는 안중에도 없다

인간이나 다른 생명체에 대한 생각은 잠시 접어두자. 진화의 역사를 분자의 차원에서 설명할 수도 있다. 언젠가 해양에서 아주 주목할 만한 특징을 지닌 분자가 만들어졌다. 자기 복제가 가능한 것이었다. 각 분자의 구성 요소에 우연히 원시 수프 속을 떠다니던 적합한 구성 요소들이 달라붙었다. 우리 DNA의 전신인 분자 자체는 동일한 유형의 분자를 위한 본이 되었다. 그러기 위해 초자연적인 창조 과정이나 신비주의적인 생명력이 필요한 것은 아니며 이것은 그저 화학일 뿐이다.

분자의 후손들은 복제를 계속하고 그 숫자는 필연적으로 증가했다. 그러나 우연히 해양을 헤엄쳐 다니던 적합한 분자 구성 요소의 숫자는 한정적이었다. 그래서 자기 복제를 한 분자들 사이에서 화학적 자원을 차지하기 위한 경쟁이 벌어졌다. 이빨과 발톱을 사용한 싸움은 아니었다. 이런 것은 아직 만들어지지 않았기에, 그것은 우연과 가능성의 싸움이었다.

아주 효율적으로 복제되는 분자들만 확고한 위치를 차지할 수 있었다. 분자들은 자기 자신을 복제하는 것뿐만 아니라 단백질, 보호해주는 외피 그리고 세포와 같이 다른 구조를 만들어내는 것이 유용하다는 것을 알게 되었다. 이렇게 해서 우리가 오늘날 생명체라고 부르는 것이 만들어졌다. 어떤 분자들이 복제를 더 잘할 수 있는 보조 수단의 집적으로서 말이다.

분자생물학적 관점에서 봤을 때 우리도 복잡한 유전자 저장소에 지나지 않는다. 시간의 흐름에 따라 유전자들에게 가능한 한 많은 증식의 기회를 제공하도록 적응된 유전자 저장소인 것이다. 유전자의 성공을 위해서는 개체인 나에게 어떤 이점이 있는지조차 중요하지 않다. 내가 많은 아이들을 낳아서 얼마 지나지 않아 고통스럽게 죽게 만드는 유전자는 진화적으로는 완전히 성공했다고 볼 수 있다. 유전자는 내 기분 따위는 안중에도 없다.

어떤 의미에서 보면 우리는 거대하고 복잡한 진화의 게임에서 유전자와 생태계 사이에 있는 별 볼 일 없는 중간 크기의 중간구조에 불과하다. 진화는 어쩌다가 실수로 생각하고 느끼는 생명체를 만들어내게 된 분자의 발전 역사인 것인가? 시간이 흐르면서 생명체를 만들어내는 것이 점점 더 많은 분자의 생산을 위해 중요해졌기 때문에?

이것은 견해의 문제다. 진화 전체를 분자 또는 유전자의 차원에서 살펴볼 수 있다. 하지만 이것은 많은 문제를 제기하며 비실용적이다. 물리학에서 너무 복잡하다는 이유로 모든 작용을 입자의 차원에서 설명하지 않는 것과 마찬가지로, 생물학에서도 모든 것을 가장 기본적이고 근본적인 차원에서만 바라보는 것은 바람직하지 않다. 어떤 것은 개체, 유(類), 무리 또는 종의 차원에서 훨씬 더 잘 설명할 수 있다.

그럼에도 불구하고 리처드 도킨스의 유전자 중심 관점은 원칙적으로 일리가 있다. 진화의 근본 요소는 각 생명체가 아니라 유전자다. 자주 복제되는 유전자가 좋은 유전자다. 그 유전자 주위에 더 높은 생존력과 번식력을 지닌 생명체를 만드는 데 도움이 되기 때문이다. 이로 인해 생명체가 더 강해지고 더 영리해지고 더 커지는지 혹은 더 약해지고 더 멍청해지고 더 작아지는지에 대해 유전자는 전혀 신경 쓰지 않는다.

왜 하필 우리 조상들이 살아남았을까?

각 생명체의 관점에서 봤을 때 진화는 거대한 행운 게임일 뿐이다. 가장 성공 가능성이 높은 유전자를 가진 가장 최적의 개체가 항상 승리한다고 생각하는 것은 완전히 잘못된 생각이다. 가장 훌륭한 유전자가 살아남는 것이 아니라 단지 그럴 가능성이 미미하게 더 높을 뿐이다. 어쩌면 전후무후하게 유전학적으로 가장 가능성이 높았던 티라노사우루스가 이미 젊었을 때 떨어지는 바위에 맞아 매몰되었을지 모른다. 이것이 유전자의 질에 대해 말해주는가? 아마도 그렇지 않을 것이다. 그 공룡은 단 하나의 목숨밖에 없기 때문에 통계학적으로 신빙성 있는 주장을 내세우기에는 임의추출 표본의 크기가 너무 작다.

만약 이 티라노사우루스를 인공배양해서 유전자가 동일한 동물을 대량으로 만들어냈다면 그 동물의 삶은 아주 성공적이었을 것이고 유전자가 엄청나게 널리 퍼졌을 것이다. 그랬다면 이것이 아주 훌륭한 유전자였다는 것을 알아차렸을 것이다. 하지만 이것은 아주 우연히 돌에 맞아 죽은 가엾은 공룡에게 아무런 도움이 되지 않는다. 반면에 더 느리고 더 서툴고 더 약한 동종 공룡은 운이 좋아서 대량으로 번식했을 수 있다.

진화는 살아남을 가치가 있는 유전자가 자동적으로 성공에 이르게 되기 때문에 작동하는 것이 아니라, 통계적으로 번식의 가능성을 아주 조금 높이기 때문에 작동하는 것이다. 이는 속임수 주사위로 놀이를 할 때와 같다고 보면 된다. 6이 조금 더 잘 나올 수 있게 살짝 불규칙적인 형태로 만들어진 주사위를 사용하면 분명히 유리해지기는 하지만 그렇다고 해서 반드시 이긴다는 보장은 없다.

이것을 조금 더 큰 척도로, 즉 수백, 수천 또는 수십억 세대의 시간 척도로 살펴보자. 그러면 한 개체가 평생 맞닥뜨리는 우연들은 더 이상 중요한 역할을 하지 않는다. 아주 긴 시간 동안 진화를 살펴보면 진화가 불가피하게 좇아가야 하는 정해진 방향이 있는 것일까?

포식 동물 집단에서는 달리기가 빠르고 날카로운 이빨을 가진 것이 당연히 아주 유용하다. 따라서 진화가 바로 이런 특징을 내세우는 쪽으로 진행된다는 것은 놀라운 일이 아니다. 이것이 티라노사우루스 한 마리의 운명에 대해서는 거의 아무것도 말해주지 않지만, 많은 공룡들의 수천 년에 걸친 진화에 대해서는 많은 것을 알려준다. 시간의 흐름에 따라 포식 동물들의 날카로운 이빨이 발달되어온 것은 우연이 아니라 필연인 것이다. 진화는 수없이 많은 우연한 사건에 기인하지만 전체적으로는 이해 가능한 규칙을 따르는 것이 아닐까?

생물학에서 밀접한 관계가 없는 다양한 생물들에게서 놀라울 정도로 비슷한 특징을 찾아볼 수 있다는 점이 이런 시각을 뒷받침해준다. 이것을 상사(相似)라고 하며, 동일한 방향으로의 발전을 수렴(收斂)이라고 한다. 상어, 돌고래 또는 이미 오래전에 멸종된 어룡은 확실히 비슷한 신체 구조를 가지고 있다. 이것을 유전적인 동족이기 때문이라고 설명할 수는 없다. 이들의 공통의 조상은 완전히 다른 모습이었기 때문이다. 진화는 이런 동물들이 재빠르고 민첩한 수영을 할 수 있게 하는 유선 형태를 여러 차례 새롭게 발전시켰다.

이는 매번 동일한 유전자가 생성되었다는 것을 의미하지는 않는다. 동물들은 서로 완전히 다른 유전자 정보를 가지고 있고, 완전히 다른 단백질을 만들어내며, 배아 상태에서 완전히 다르게 발달할 수 있다. 그래도 결국은 서로 놀라울 정도로 비슷한 생명체가 나온다. 모두 지느러미, 뾰족한 주둥이 그리고 물 저항을 아주 적게 받는 몸 형태를 가지고 있다.

물리학의 법칙은 모든 종에게 동일하기 때문에 비슷한 환경에 있는 생물들이 비슷한 문제를 가지고 싸우고 진화는 매번 비슷한 해결책을 제시하는 것이 그리 놀라운 일은 아니다. 다양한 나라에서 온 다양한 사람들이 서로 독립적으로 각자 믹서기를 만들어본다고 한다면 다음과 같은 모습을 볼 수 있을 것이다. 믹서기를 만드는 설계도는 아마도 각자 상당히 다를 것이고 중요한 부분에는 엄청난 차이가 있겠지만 피상적으로 봤을 때는 분명 비슷한 점들이 있을 것이다. 일정한 정도의 수렴을 기대할 수 있다. 실생활에서 사용하기 위해 믹서기가 기본적으로 갖춰야 할 일정한 특징들이 있기 때문이다.

그렇다면 진화에서 지배적인 역할을 하는 것은 수렴인가 우연인가? 이 질문 역시 최종적인 대답이 불가능한 질문이다. 이에 대해 이미 수없이 많은 논쟁이 오갔다. 진화생물학자인 스티븐 제이 굴드(Stephen Jay Gould)와 사이먼 콘웨이 모리스(Simon Conway Morris)는 눈이 다섯 개 달린 오파비니아를 포함한 버지스 셰일의 화석들을 연구했다. 그러나 이 연구를 통해 두 생물학자는 서로 완전히 다른 결론을 내놓았다.

굴드는 버지스 셰일에 있는 화석의 엄청난 다양성에 깊은 인상을 받았다. 완전히 다른 몸 형태를 가진 완전히 다른 동물류들을 발견할 수 있었다. 모든 종들은 진화의 과정에서 환경에 잘 적응하여 그곳에서 아주 잘 살았지만 그럼에도 불구하고 그중 많은 종이 멸종했다. 그중 대부분은 오늘날 더 이상 후손이 남아 있지 않다. 그때 왜 하필 우리 조상들이 살아남은 것일까?

하필 우리 조상들이 살아남고 티라노사우루스, 인간 그리고 아프리카에 서식하는 벌거숭이뻐드렁니쥐가 발전하게 된 것은 그냥 우연이라고 스티븐 제이 굴드는 주장했다. 굴드는 이를 '우연성'이라고 불렀다. 당시에 얼마든지 다른 생물의 종족이 살아남을 수도 있었다. 만약 그랬다면 오늘날 이 세상에는 오파비니아처럼 눈이 다섯 개 달린 종들이 많을 것이다. 만약 시간을 되돌려서 오파비니아가 동족들과 함께 버지스 셰일에서 해양을 헤엄치던 그 시점에 진화가 다시 한 번 시작된다면, 우리가 오늘날 속하는 종과는 완전히 다른 다양한 종을 볼 수 있을 것이다.

사이먼 콘웨이 모리스는 이와는 완전히 상반된 주장을 펼쳤다. 그는 진화에서의 수렴을 증거로 내세웠다. 우리 옛 조상들이 살아남지 못하고 다르게 생긴 동시대 종들이 살아남았다고 해도 비슷한 특징들을 발전시켜 진화했을 것이다. 만약 특정한 생태적 지위가 있다면 어떤 종이든 그것을 차지할 것이다. 어떤 유용한 특징이 있다면 그런 특징을 드러내는 종이 언젠가는 나타날 것이다. 이렇게 보면 스스로 똑똑하다고 생각하는 큰 뇌를 가진 생명체가 언젠가 나타나는 것은 필수적이고 불가결한 일인지도 모른다.

우연성 추종자인 굴드와 수렴 지지자인 콘웨이 모리스 사이의 논쟁은 이데올로기적인 측면도 있었다. 콘웨이 모리스는 종교적 입장에서 주장을 펼친다는 비난을 받았다. 하지만 이 논쟁을 완전히 규명하는 것은 불가능하다. 버지스 셰일의 생물학적 조건들을 다시 만들어내는 것이 가능하다고 해도, 진화가 두 번째 시도에서는 다르게 이루어질지 지켜보려면 5억 년을 기다려야 한다.

우연이 진화에 미치는 영향

작은 규모로는 얼마든지 조사가 가능하다. 카리브해의 대앤틸리스 제도에 있는 쿠바, 히스파니올라, 자메이카 그리고 푸에르토리코에는 아놀 도마뱀이 살고 있다. 아놀 도마뱀은 그 섬들에 널리 퍼져 있고 각각 서로 다른 다양한 생태적 지위에 잘 적응했다. 어떤 도마뱀들은 잔디와 수풀에서 살아가는 데 특화되었고 또 다른 도마뱀들은 나무 꼭대기에서 살아간다. 어떤 곳에 사느냐에 따라 도마뱀들은 아주 다르게 생겼지만 어떤 섬에서 온 도마뱀인지는 얼핏 보아서 알 수 없다. 나무 꼭대기에 사는 쿠바의 아놀 도마뱀은 나무 꼭대기에 사는 자메이카의 도마뱀과 아주 비슷하게 생겼지만 각자 자기 섬의 수풀에 사는 도마뱀과는 생김새가 아주 다르다.

여기서 이 섬들 중 한 곳에서 여러 종이 만들어져 다른 섬들로 점점 전파되었다고 추측할 수 있다. 하지만 유전자 분석을 해보면 그렇지 않다는 사실을 알 수 있다. 원시 아놀 도마뱀은 모든 섬에 살고 있었는데 진화를 통해 네 개의 섬에서 비슷한 발전이 이루어졌고, 서로 독립적이면서도 비슷한 아놀 도마뱀 네 종이 생겨났다. 나무 꼭대기에 사는 도마뱀은 이웃 섬의 나무 꼭대기에 사는 도마뱀과 생김새가 아주 비슷할 수 있지만 같은 섬의 수풀에 사는 완전히 다르게 생긴 도마뱀보다 더 밀접한 동족 관계에 있는 것은 아니다. 이 경우에서 진화는 재현 가능하다는 것을 알 수 있다. 진화는 여러 차례 동일한 결과를 가져왔고 여기에서 우연은 결정적인 역할을 하지 않은 듯 보인다.

조금 더 간단한 생명체를 가지고 이와 비슷한 것을 실험해볼 수 있다. 실험실에서 작은 진화를 진행시켜보는 것이다. 미국의 생물학자인 리처드 렌스키(Richard Lenski)는 1988년에 장기 실험에 돌입했다. 그는 이 실험을 진행하기 위해 별로 매력적이지 않은 생명체를 선택했다. 바로 사람과 동물의 장 속에 살고 있고 우리가 길거리에서 개똥을 밟았을 때 짜증을 내며 닦아내려고 하는 대장균이었다. 렌스키와 그의 연구팀은 12개의 설탕 용액 병에 12개의 대장균을 배양하여 관찰했다. 매일 박테리아를 채취하여 새로운 설탕 용액으로 옮겨서 그곳에서 증식할 수 있도록 했다.

모든 병의 조건들은 완전히 동일했다. 그럼에도 불구하고 곧 12개의 병에서 커다란 차이가 나타날 것이라고 기대했다. 박테리아들에게 제공된 단순한 연구실 공간은 익숙하던 장내의 복잡한 환경과는 확연히 구별되었다. 따라서 박테리아들이 어떤 식으로든 진화할 거라고 기대한 것이다. 렌스키는 우연한 변이를 통해 수천 세대가 지나면 각 병 속의 모습이 완전히 달라 보일 거라 생각했다.

그러나 대장균의 진화는 상당히 안정적이고 재현 가능한 것으로 나타났다. 실제로 어느 정도의 진화적 발전은 관찰되었다. 박테리아들은 조상에 비해 적응도가 좋아지고 크기와 형태가 변했다. 그러나 이런 변화는 12개의 배양 용기에서 상당히 비슷한 방식으로 나타났다. 그래서 이 실험은 수렴이론을 뒷받침하며, 박테리아의 삶에서 우연은 기껏해야 조연 역할을 할 뿐이라는 결론이 나올 참이었다.

그런데 어느 날 아주 극적인 일이 일어났다. 박테리아 하나가 완전히 새로운 것을 터득한 것이다. 박테리아들에게 제공했던 배양액 속에는 설탕 외에 박테리아들이 보통 먹지 않는 구연산도 들어 있었다. 보통은 산소가 있을 때 구연산을 세포 내부로 운반할 수 없기 때문에 설탕으로 만족해야 했다. 그런데 2003년 12개의 대장균 배양액 중 한 곳에서 이 문제를 해결한 박테리아가 나타났다. 이 박테리아는 갑자기 완전히 새로운 영양분을 이용하는 데 성공했다.

이로써 작은 유리병 속의 삶은 아주 근본적으로 변했다. 구연산을 섭취할 수 있게 진화한 것은 대단한 장점이기 때문에 이런 능력이 순식간에 확산되었다. 그런데 구연산을 좋아하는 박테리아들은 설탕을 두고 벌이는 싸움에서 더 이상 성공적이지 않았고 그래서 그때부터 두 개의 서로 다른 박테리아 개체군이 공존하기 시작했다. 즉, 설탕을 좋아하는 기존의 박테리아와 구연산을 먹어치우는 젊고 거침없는 박테리아가 공존한 것이다. 그렇지만 이런 혁명은 12개의 박테리아 배양 용기 중 단 한 곳에서만 관찰되었다. 전체적으로 봤을 때 진화의 흐름이 예측 가능하고 논리적으로 보여도 때로는 우연으로 인해 깜짝 놀랄 만한 새로운 방향으로 전환되기도 한다.

예측 가능한 수렴과 깜짝 놀라게 하는 우연은 둘 다 진화에서 중요한 의미를 갖는다. 이것이 우리에게 외계의 생명체에 대해서 무엇을 말해주는가? 목성의 위성인 유로파의 얼음층 아래 정말로 생명체가 살고 있다면 그 생명체는 우리 지구의 바닷속에 살고 있는 동물들과 비슷한 모습일까, 아니면 완전히 낯선 모습을 예상해야 하는 것일까?

아마도 둘 다일 것이다. 오파비니아는 심지어 우리 지구에서도 완전히 낯설게 보이는 생명체가 만들어질 수 있다는 사실을 보여준다. 어쨌든 낯선 행성의 생명체가 이 정도의 낯선 모습을 갖고 있으리라 예상하고 있어야 한다. 따라서 영화에서 흔히 볼 수 있듯이 인간의 모습을 닮은 외계 생명체가 있으리라 상상하는 것은 조금 순진한 생각이다. 외계인 역할을 맡은 배우의 귀를 이상하게 분장하거나 얼굴색만 조금 다르게 칠해도 우리는 이것이 바로 외계인의 모습일 것이라 쉽게 받아들인다. 만약 우리가 언젠가 정말로 외계 생명체를 만나게 된다면 예전에 그런 생각을 했던 것에 대해 모두들 한바탕 웃을 것이다.

그렇지만 물리학의 법칙은 어디서나 동일하기 때문에 적어도 아주 기본적인 특징들은 지구와 비슷하게 발달했으리라 기대해 볼 수 있다. 낯선 행성에 있는 수중 동물들의 몸 형태도 유선형일 것이며 지느러미 같은 것을 갖고 있을 것이다. 눈, 코, 다리 그리고 집게팔도 상당히 유용한 부위들이라 지구 바깥에서 이루어진 진화에서도 잘 입증될 것이다.

우연히 지능을 갖게 되다

그렇다면 인간의 지능은 어떨까? 해양 동물들의 지느러미처럼 지능도 유용하기 때문에 진화 과정에서 나타난 특징에 속하는 것일까? 아니면 우리의 정신적인 능력, 의식 그리고 사회생활은 단순히 자연의 우연한 변덕 때문일까?

이에 대한 신뢰할 수 있는 대답을 얻기 위해서는 지구와 아주 비슷한 상당수의 행성들을 조사해서 그 행성들 중 몇 개의 행성에서 진화를 통해 지능을 가진 생명체가 생겨났는지 조사해봐야 한다. 적어도 우리 지구에서는 수준 높은 문화적 능력을 가진 지능은 인간에게만 생겨났다. 이는 지느러미나 수정체와 같이 서로 독립적으로 생겨난 것과는 다르다. 우리는 고도로 발달된 선사시대 공룡 문명의 잔재와 마주하거나 해저에 고도로 기술이 발달된 도시에 사는 문어 민족과 외교적 관계를 맺고 있지 않다. 왜 그런 것일까? 지능은 왜 이렇듯 드문 것일까? 진화론적으로 봤을 때 어쩌면 지능이 우리가 믿고 있는 것만큼 그렇게 유용하지 않은 것은 아닐까? 어쩌면 지능은 진화의 우연한 실수였고 장기적으로는 유지되지 못하는 것이 아닐까?

오늘날의 관점으로는 이렇게 믿기는 힘들 것이다. 우리 인간은 대단히 성공적인 종(種)이기 때문이다. 인간의 숫자는 지난 수천 년 동안 비약적으로 증가했고, 지구의 모든 영역을 차지했으며, 우리 이전의 그 어떤 종보다도 우리 행성의 생태계에 엄청난 영향을 끼치고 있다. 20세기 초반에 사람의 총질량은 야생 포유류의 총질량을 처음으로 넘어섰다. 그리고 21세기 초반까지 인간의 생물량은 10배나 증가했다. 이 외에도 우리는 소, 돼지, 양, 염소 그리고 말과 같은 가축들을 키우면서 그런 동물들의 진화에 아주 막대하게 개입한다. 인간과 가축을 합한 생물량은 야생에서 자유롭게 사는 포유류의 생물량을 모두 합한 것보다 20배나 많다.

이것은 의심할 여지 없이 괄목할 만한 성공 이야기다. 우리의 유전자는 엄청나게 증식했기 때문에 충분히 만족할 만한 자격이 있다. 그리고 이와 더불어 소, 양 그리고 염소의 유전자도 증식되었다. 이런 동물들은 아주 우연히도 인간에게 식용되는 진화적 이점을 가지고 있기 때문이다. 물론 우리를 곤충이나 박테리아와 비교한다면 이야기는 조금 달라진다. 하지만 적어도 지구에 사는 커다란 동물 중에서는 인간이 특별한 역할을 하고 있다. 우리가 지구에서 지배적인 종이라고 느낀다면 이것은 단지 자만이 아니라 그럴 만한 이유가 있는 것이다. 그렇다면 이것이 우리의 지능이 진화적으로 입증되었다는 증거가 되는 것일까?

우리는 여기서 인간의 우월하고 특별한 역할이 상당히 새로운 것이라는 사실을 잊어서는 안 된다. 인간은 아주 오랫동안 다른 동물들과 마찬가지로 그저 평범한 정도로 성공한 포유동물에 불과했다. 인구의 폭발적인 증가와 다른 어떤 종보다도 환경에 극적으로 개입할 수 있는 인간의 능력은 우리의 과학적 발견들에서 비롯된 결과다. 만약 수천 년 전에 외계 문명이 지구에 탐사 우주선을 보냈다면 간단한 석기와 의문스러운 식사 예절을 가지고 있는 원시적인 사냥꾼과 채집하는 사람들을 보았을 것이며, 외계인들은 이런 석기시대 사람들이 나중에 입자가속기, 달 탐사선 그리고 커피머신과 같은 첨단 기술 문화를 발전시키리라고는 전혀 예상하지 못했을 것이다. 인간이 이렇게 잘 발전할 수 있었던 것은 행운과 많은 관련이 있다. 전혀 다른 방향으로 흘러갈 수도 있었는데 말이다.

토바 재앙과 인류의 문명

전 세계 사람들의 DNA를 분석해보면, 우리 모두는 놀라울 정도로 비슷하다는 사실을 확인할 수 있다. 이는 우리가 비교적 적은 그룹의 원시 인류에서 유래했기 때문이다. 약 7만 년 전 우리 종은 상당히 힘겨운 시기를 견뎌내야 했다. 당시 인간은 겨우 수천 명에 불과했고 우리 종은 멸종의 위험에 처해 있었다. 나중에야 인구가 다시 늘기 시작했고 이를 '유전적 병목현상'이라 부른다. 그 이유는 아직 명백하게 밝혀지지 않았다. 그러나 토바 재앙이 이에 대한 가능성 있는 설명을 제공한다.

약 7만 년 전 수마트라에서 일어난 자연재해의 엄청난 위력을 상상하기는 힘들다. 지구는 화가 난 용처럼 불을 내뿜었고, 파란 하늘은 짙은 연기로 뒤덮였으며, 해는 검은 먼지 뒤로 숨어버렸다. 불을 내뿜는 슈퍼화산 토바에서 최소한 2,800세제곱킬로미터에 달하는 마그마와 재가 쏟아져 나왔다. 최근에 발생한 화산 폭발들을 어린이들의 그릴 파티 정도로 보이게 만드는 어마어마한 양이었다. 79년 베수비오 화산이 폭발하여 폼페이가 파괴되었을 때 3세제곱킬로미터에 달하는 재와 암석이 지구 표면을 덮었고, 1815년 인도네시아에서 탐보라 화산이 폭발했을 때는 약 175세제곱킬로미터였다고 한다. 당시 화산재가 전 지구에 퍼져 1816년은 '여름이 없는 해'로 역사에 기록되었다. 심지어 멀리 떨어져 있는 유럽에서도 흉작이 들고 기근과 경제 위기에 시달렸다.

7만 년 전 이보다 훨씬 더 강력한 토바 재앙이 어떤 결과를 불러왔을지는 감히 상상하기 힘들다. 동남아시아 전체가 수 센티미터에 달하는 화산재로 뒤덮이고 지구의 평균온도가 급격히 낮아졌다는 것만은 확실하다. 정확한 피해 규모에 대해서는 여전히 논란이 있지만 토바 재앙이 인류를 멸종 직전까지 몰고 갔던 것은 분명하다. 만약 재앙의 규모가 조금만 더 컸다면, 다른 계절 또는 몇백 년 전이나 후에 발생했다면, 다른 기후 조건에서 발생했다면 당시 인류는 완전히 멸종되어 오늘날 우리는 여기에 없을지도 모른다. 우리가 그나마 운이 좋았던 것만은 분명하다.

그렇지만 우리가 오늘날 이렇게 살아 있는 것은 자연재해가 비껴갔거나 재앙이 그나마 별 탈 없이 지나갔기 때문만이 아니라 어떤 엄청난 사건들이 일어났기 때문이다. 6,600만 년 전 10킬로미터 크기의 소행성이 우연히 지구에 충돌해서 기후 변화가 일어났고, 그 결과 공룡이 멸종된 것으로 추정되고 있다. 만약 그런 일이 일어나지 않았다면 포유류들의 개선 행렬은 없었을 것이고, 인간은 아예 존재하지도 않았을 것이다. 어쩌면 지능이 발달한 공룡 종이 언젠가 생겨났을지도 모른다. 우리 인간이 잘난 척하며 의기양양하게 차지하고 있는 진화적 지위를 초록 비늘로 뒤덮인 뇌가 큰 공룡이 차지하고 있었을지도 모른다. 그리고 이런 지능을 가진 공룡 후손들은 고고학적 조사를 하다가 선사시대에 이미 멸종되어버린 포유류의 흔적을 발견하고는, 이 이상한 동물의 멸종에 대한 이론들을 세우고 있었을지도 모른다.

통계적으로 봤을 때 누군가는 필연적으로 로또에 당첨되는 것과 마찬가지로 엄청난 자연재해도 어쩔 수 없이 계속해서 발생한다. 우연적이고 예측할 수 없는 주기로 자연재해는 우리 지구를 덮친다. 지구의 생명체는 진화를 할 때 이렇게 우연히 발생하는 주기에 적응해야 했다. 만약 우주에 있는 다른 행성에서 우리 지구에서와 같은 일이 발생했다면, 그때 눈이 다섯 개 달린 오파비니아 레갈리스가 바다를 헤엄치고 있었다면 행성 충돌, 화산 폭발, 지진과 지각판 이동, 달과 이웃 행성들의 영향, 다른 행성들의 자장과 태양풍은 그 행성에 사는 생물의 진화를 완전히 바꿔놓았을 것이다.

우연은 아름답고 진화는 필연이다

우연이 아주 아름다운 것일 수 있다는 점이 진화생물학에서 매우 분명하게 나타난다. 우연히 일어나는 DNA 돌연변이는 새로운 생명체를 선보인다. 돌연변이는 우리가 삶이라고 부르는 거대한 우연 놀이에서 예측 불가능한 방식으로 마주하게 된다. 그렇기 때문에 결국에는 전혀 우연처럼 보이지 않는 세포, 생명체, 생태계가 만들어진다. 우리 세포의 모든 구성 요소는 유용한 과제를 수행하고, 모든 장기는 우리의 삶에서 중요한 의미를 갖는다. 원시림은 상당히 최적화된 시스템으로서 가장 까다로운 시계의 톱니바퀴 장치보다도 더 복잡하다. 그리고 이렇게 훌륭하고 아름다운 복잡성은 수많은 우연한 사건의 결과로 저절로 생겨났다.

어떤 사람들은 이를 믿으려 하지 않는다. 그들은 여전히 삶의 다양성을 다른 방식으로 설명할 수 있다고 생각한다. 신의 창조 또는 그것에 조금 현대적인 옷을 입힌 '지적 설계'를 주장한다. 어딘가에서 시계를 발견하게 되면 시계의 모든 부품들을 놀라울 만큼 섬세한 작업을 통해 조립한 시계공이 존재할 것이라 생각한다. 이는 충분히 이해 가능한 생각이지만 오늘날 이성적으로 생각하는 사회에서는 더 이상 설 자리가 없다. 진화는 더 이상 이론이 아니며 과학적으로 심각한 의문을 제기할 여지가 없다. 진화는 생물학 전체를 떠받치는 근간이 되었다. 진화생물학자인 테오도시우스 도브잔스키(Theodosius Dobzhansky)는 "진화에 비추어 보지 않는다면 생물학은 전혀 말이 되지 않는다"라고 어떤 글에서 밝혔다. 진화를 통해서만 비로소 현대 생명과학의 많은 영역들이 전체적인 논리를 갖게 된다.

그렇다고 해서 진화에 대한 우리의 이해가 새로운 과학적 발견들을 통해 계속해서 극적으로 변하지 말라는 법은 없다. 그럴 가능성은 아주 많다. 과학에서 더 이상 놀라운 발견을 새로이 경험할 수 없다면 그것이야말로 가장 놀라운 일일 것이다. 그러나 진화론의 기본 개념은 무너뜨리지 못할 것이다. 이는 누군가가 새로운 물리학 실험을 통해 지금까지 알려지지 않은 새로운 소립자를 발견한다고 해도 절대 원자의 존재에 의문을 제기하지 않는 것과 마찬가지다.

창조주의자들은 진화의 우연을 믿을 수 없다고 주장하면서 진화론을 공격하곤 한다. 어떻게 단순히 우연한 과정을 통해 정신, 이성 그리고 온갖 기능을 지닌 장기들이 있는 사람이 만들어질 수 있다는 말인가? 그것은 마치 고철 더미를 쌓아놓은 야적장에 회오리바람이 불어 금속 부품들이 마구 어지럽게 날아다니다가 우연히 완벽하고 당장 날 수 있는 비행기가 만들어지는 것과 같다는 주장을 흔히 들을 수 있다. 이는 어쩌면 물리학적으로 가능할 수도 있다. 하지만 그런 일은 절대로 일어나지 않을 것이다.

정말 진지하게 이런 비유를 들어가며 주장하는 사람이라면 진화에 대해 전혀 이해하지 못한 것이다. 진화야말로 우리가 단순히 부품들이 어지럽게 날아다니다가 만들어지지 않았다는 것을 의미한다. 만약 30억 년 전에 선사시대의 폭풍이 초기의 원시 수프에 휘몰아쳐서 그곳에서 헤엄치고 있는 분자들이 모여 즉흥적으로 사람을 만들어냈다면 그런 비유가 적합할지도 모른다. 하지만 이런 주장을 할 정도로 멍청한 사람은 없다.

진화는 셀 수 없이 많은 우연한 사건에 기인한다. 하지만 진화적 발전 자체, 즉 비교적 단순한 부분으로부터 다양한 생명체가 만들어지고 유전자, 생명체 그리고 환경의 우연 놀이에 의해 생겨나는 느린 변화는 우연의 산물이 아니라 필연적인 것이다. 강가에 있는 돌멩이가 물살에 의해 필연적으로 깎이는 것과 마찬가지다. 돌멩이가 1,000년 후에 어떤 모습을 하고 있을지는 말할 수 없다. 그것은 물살의 변화, 강물 속에 들어 있는 다른 돌멩이 그리고 기후에 달려 있다. 하지만 돌멩이의 모습이 시간의 흐름에 따라 변하고 날카로운 모서리가 깎일 것이라는 사실은 처음부터 명백하다. 진화가 어떻게 진행될지는 예측 불가능하다. 그렇지만 진화가 이루어지고 있다는 사실 자체는 놀라운 것이 아니다. 진화는 분자, 행성 또는 내리는 비와 마찬가지로 자연의 법칙을 따른다.

우연에 대처하는 우리의 자세

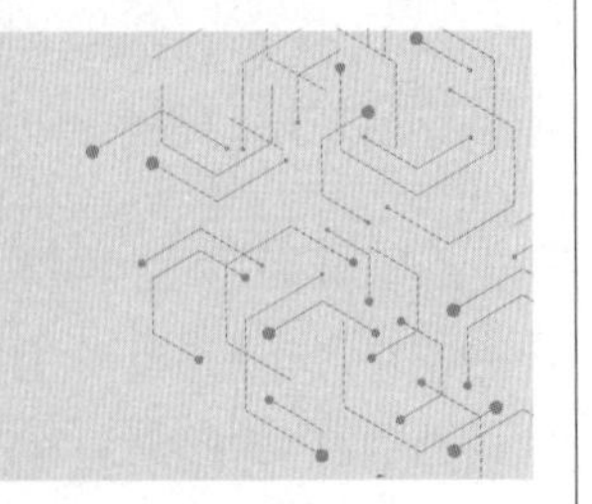

미신을 믿는 비둘기, 기우제 춤 그리고 상어의 공격에 대한 두려움:
사람들이 이상한 행동을 하는 것은 우연에 잘 대처하지 못하기 때문이다.

프로 야구 선수인 데니스 그로시니는 저녁에 경기가 있는 날이면 아침 10시 정각에 침대에서 일어났다. 그는 경기가 있는 날마다 1시에 똑같은 레스토랑에 들러 아이스티 두 잔과 참치 샌드위치를 주문했다. 오후에는 매번 전에 승리를 거둔 경기 날 입었던 스웨터를 입고, 저녁에는 반드시 특정 상표의 씹는담배를 찾았다. 경기 중에는 공을 던지고 나서 매번 팀 유니폼에 새겨진 알파벳 글자를 손으로 어루만지고 야구 모자를 고쳐 썼다. 상대 팀이 득점을 하면 그는 한 이닝이 끝난 후에 반드시 손을 씻어야 했다. 이것은 그로시니만의 규칙이었다.

데니스 그로시니에게 이런 이상한 행동들을 하라고 지시한 사람은 아무도 없었다. 그리고 이런 기괴한 의식을 매번 치르는 납득할 만한 이유도 딱히 없었다. 하지만 그로시니는 이렇게 했을 때 엄청난 행운이 있었고 경기가 있는 날의 일과가 아주 조금만 달라져도 이런 행운이 끝나버릴까 두려웠다. 야구 경기에서 운이 좋았던 것이 아이스티, 씹는담배 또는 손 씻기 덕분이었는지 누가 알겠는가? 모든 일이 잘 풀린다면 그냥 잘 풀리는 그대로 하는 것이 좋겠다고 그는 생각했다.

이런 식의 미신을 비웃는 것은 쉽다. 경기 전에 특정한 옷을 입는 것이 경기력에 어떤 영향을 미치는지에 대한 논리적인 근거는 당연히 없다. 거창한 연구를 시작해서 야구 선수들을 그룹별로 나누어 서로 다른 기상 시간, 서로 다른 상표의 씹는담배 그리고 야구 모자를 고쳐 쓰는 서로 다른 방식들을 관찰하고 이에 따른 이들의 경기력을 통계적으로 분석해볼 수 있을 것이다. 그렇게 하면 각 그룹 사이에 눈에 띄는 차이가 없다는 것을 확인할 수 있고, 그런 모든 의식들이 경기의 행운에 실제로 영향을 미치지는 않는다는 결론을 내릴 수 있다.

그러나 이런 수고로운 연구를 진행한다 해도 데니스 그로시니처럼 미신을 믿는 선수들은 이런 통계와 계산에 대해 별다른 반응을 보이지 않을 것이다. 그 규칙들은 그가 오로지 혼자 자기 머릿속에서 만든 자신만의 것이기 때문이다. 그리고 그의 느낌은 그것들이 맞는다고 말한다. 그는 결코 자신이 따르는 의식들이 다른 사람들에게도 행운을 가져다줄 수 있다고 주장한 적이 없다. 따라서 이런 식의 미신은 과학적으로 연구하는 것이 쉽지 않다. 느낌은 언제나 현실을 제멋대로 해석할 수 있는 길을 찾기 마련이다. 이에 대항해 수학적인 사실이 할 수 있는 것은 별로 없다. 어느 날 이 야구 선수가 모든 규칙들을 노예처럼 철저히 지켰음에도 불구하고 행운이 갑자기 끝난다고 해도 그는 자신의 이론이 틀렸다고 여기지 않을 것이다. 대신 그는 자신의 행운 비법이 더 이상 효과가 없다는 것을 안타까워하면서도 그것이 과거에 자신에게 많은 도움이 되었다고 여전히 확신할 것이다.

이것은 어느 정도까지는 사실이기도 하다. 스포츠에서 긴장하는 것은 큰 문제가 될 수 있다. 그래서 특정한 의식들은 안정감을 갖는 데 도움이 될 수 있다. 그러면 자신이 더 이상 무방비한 상태로 운명에 내맡겨지는 것이 아니라 행운을 자기 손에 쥐고 있다는 느낌을 갖게 되면서 안정감을 얻는다. 팀 유니폼을 어루만지고 똑같은 점심 메뉴를 먹는 것이 야구 선수가 더 자신감 있게 등판하고 공을 던질 때 손이 떨리지 않게 하는 데 도움이 된다면 이런 규칙들은 실제로 유용할 수 있다. 물론 이 외에 다른 규칙들을 선택해도 마찬가지다. 씹는담배를 소비하는 대신 경기 전에 항상 고통받는 펭귄들을 위해 돈을 기부할 수도 있을 것이다. 그랬다면 그만의 의식은 플라세보 효과뿐 아니라 진정으로 유용하게 쓰였을 것이다.

인간과 비둘기의 공통점

이런 규칙들을 만들어내고 믿는 것이 유치하고 소용없어 보일 수도 있지만 이것은 인간의 본성이다. 일본의 심리학자인 고이치 오노(Koichi Ono)는 이와 관련된 상당히 흥미로운 실험을 진행했다. 레버 세 개와 표시판이 준비되어 있는 작은 방이 있다. 그는 스무 명의 실험 참가자들에게 표시판에 나타나는 점수를 올려야 한다는 지시를 내렸다. 어떻게 하면 점수를 올릴 수 있는지는 알려주지 않았다. 그래서 실험 참가자들은 각자 다른 다양한 방법과 차례에 따라 레버 세 개를 작동해보았다. 그러면 이따금 신호음이 울리고 불빛이 들어오면서 표시판의 점수가 올라갔다.

얼마 지나지 않아 대부분의 실험 참가자들은 어떻게 하면 이 경기에서 이길 수 있는지에 대해 나름대로 이론을 세웠다. 어떤 참가자는 레버를 여러 번 짧게 작동시켰다가 길게 누르는 전략을 찾아냈다. 또 다른 참가자는 레버를 건드리지 않고도 성공할 수 있다는 것을 알아차렸다. 참가자의 오른손이 단지 레버 테두리에 닿았을 뿐인데 신호음이 울리고 점수를 획득했다. 그런 다음에 참가자는 책상 위로 올라가 표시판 위에 오른손을 갖다 댔다. 그러자 또다시 한 점을 획득했다. 그래서 그 참가자는 점수를 획득하기 위해 방 안에 있는 온갖 물건들을 차례대로 건드렸다. 10분 후 참가자는 책상에서 뛰어내렸고 또다시 한 점을 획득했다. 참가자는 지치고 피곤해질 때까지 계속 뛰었다.

실제로 점수를 높이는 데 영향을 미치는 것은 레버도 아니고 실험실에서 뛰어다니는 것도 아니었다. 레버는 표시판과 전혀 연결되어 있지 않았다. 실험 참가자들의 창의적인 행동 패턴과 상관없이 점수는 입력된 도식에 따라 시간이 지나면 자동으로 올라갔다. 하지만 점수가 올라가면 참가자들은 자신이 한 행동으로 인해 점수가 올라갔다고 생각하고 그 행동을 계속해서 반복했다. 언젠가 우연히 아이스티를 마시고 참치 샌드위치를 먹고 나서 경기에서 이겼던 그 야구 선수와 마찬가지였다.

어떤 의미에서 보면 이것은 지능이 있다는 표시다. 우리는 패턴을 인식하고 맥락을 찾아내도록 프로그래밍되어 있다. 그렇게 하는 것은 아주 유용하다. 수풀에서 바스락거리는 소리가 나는 것을 뒤이어 호랑이가 나타난다는 사실과 관련시키면 제때 안전한 곳으로 피할 수 있을 것이다. 따뜻한 초여름 날씨와 그맘때 강가에서 달콤한 과일을 많이 발견했던 기억을 관련시키면 굶주린 채 잠자리에 들지 않아도 된다. 다만 문제는 우리가 패턴을 인식하는 데 너무 성급하다는 것이다. 금요일에 기차 안에 빈자리가 거의 없으면 나는 이렇게 생각한다. "아, 이 기차가 금요일에는 만차구나." 단 한 번의 관찰을 통해 얼마든지 우연일 수도 있는 사건에 어떤 규칙을 부여한다. 이렇게 쉽게 연관을 짓는 것은 이미 진화의 역사에서 입증되었다. 실제로 우연에서도 규칙을 발견하는 것이 생명체에게 더 유리했을 것이다.

이런 성급한 규칙 인식은 인간만의 특징은 아니다. 미국의 심리학자인 벌허스 프레더릭 스키너(Burrhus Frederic Skinner)는 1940년대에 이미 고이치 오노의 레버 실험과 비슷한 실험을 비둘기들을 대상으로 실시했다. 스키너는 배고픈 비둘기들을 먹이를 주는 기계와 함께 우리 안에 넣었다. 비둘기들은 비둘기 특유의 행동을 보였다. 우리 안을 정처 없이 왔다 갔다 하고 빙글빙글 돌고 부리로 바닥을 쪼았다. 그러다가 갑자기 기계에서 먹이가 나오면 그것이 자신의 행동과 아무런 상관관계가 없음에도 불구하고 연관 지었다.

스키너는 이 실험을 자신의 학생들에게도 즐겨 선보였다. 그는 안전유리로 만들어진 우리 안에 비둘기를 넣고 강의실로 가져와서 우리를 커다란 종이 상자로 덮었다. 강의가 끝날 무렵 상자를 제거하면, 비둘기가 이번에는 어떤 이상한 행동을 우연히 익히게 되었는지 관찰할 수 있었다. 날갯짓과 머리 끄덕이기 그리고 부리로 쪼기까지 정말 다양한 행동들을 볼 수 있었다.

스키너는 유명한 논문이 된 「비둘기의 미신」에서 이런 비둘기 실험에 대해 보고했다. 인간의 미신이 야구 경기에서만 생기는 것이 아니라 사회적 전통과 의식 또한 마찬가지라는 사실을 어렵지 않게 유추해낼 수 있다. 봄 축제를 열고 나서 몇 주 후에 실제로 날씨가 따뜻해지면 이는 매년 이런 축제를 개최할 좋은 이유가 된다. 기우제 춤을 췄는데 다음 날 오랜 가뭄 끝에 정말로 비가 내린다. 만약 비가 내리지 않는다면 충분히 춤을 추지 않아서 그런 것이며 하늘이 감복하여 마침내 비를 내릴 때까지 계속 춤을 춰야 한다고 주장한다.

이것은 비이성적으로 들릴 수도 있지만 그렇다고 문제가 되는 것은 아니다. 봄 축제가 재미있었다면 봄이 곧 오는 것과 상관없이 좋은 일이다. 어떤 의식이 우리를 즐겁게 해주고 기운을 북돋아주며 심지어 다른 사람들과 교류하게 만들어준다면 조금 비이성적이라도 상관없다. 그렇지만 우리는 자신의 의식과 습관들을 늘 그런 식으로 아주 진지하게 받아들이지 않도록 조심해야 한다.

나는 오븐 속에 들어 있는 닭고기에 10분마다 붓으로 올리브오일을 바르는 것을 고수한다. 항상 그렇게 해왔고 결과적으로 매번 정말 맛있었다. 내가 다른 것을 시도해보지 않으면 그것이 정말 올리브오일 때문인지 알아낼 수 있을까? 겨울철에는 매일 오렌지를 한 개씩 먹어야 한다. 그 덕분에 나는 지독한 감기가 유행했던 작년 겨울도 무사히 넘길 수 있었다. 혹시 그것이 그냥 우연은 아니었을까? 할머니는 레드 와인 얼룩을 화이트 와인으로 지울 수 있다고 말하곤 한다. 혹시 그냥 물로도 똑같은 효과를 볼 수 있지 않을까? 이런 많은 규칙들 속에는 약간의 진실이 담겨 있다. 하지만 우리는 때로 스키너의 우리 속에 들어 있는 미신을 믿는 비둘기들과 너무 비슷한 모습을 보이는 것은 아닐까?

이런 미신적인 의식들이 강박이 되거나 우리를 위험에 처하게 만들면 진짜 문제가 된다. 비를 관장하는 신을 달래기 위해 우리가 가지고 있는 염소들 중 절반을 죽여 산꼭대기에서 불태워야 한다면 이런 의식은 위험해지기 시작한다. 야구 선수가 매 경기 전날 매분 지켜야 하는 엄격한 규칙이 있어서 평범한 사회생활이 불가능할 정도라면 그는 도움이 필요하다. 원자력 발전소에서 갑자기 경고 사이렌이 울리는데 안전 책임자가 오늘 자신이 행운의 속옷을 입고 있기 때문에 아무런 일이 일어나지 않을 거라고 장담한다면 일은 정말 심각해진다. 우리의 느낌이 아무리 유용할 수 있다고 해도 느낌만으로는 인생을 살아갈 수 없다.

우연과 위험

우리의 불완전한 느낌은 특히 우리가 위험을 예측해야 할 때 문제가 된다. 하나밖에 없는 우리의 목숨이 달려 있는 일이기 때문이다. 위험은 대체로 우연과 관련이 있다. 줄담배를 피우는 사람이 폐암에 걸릴지 정확하게 예측할 수 있는 사람은 아무도 없지만 폐암에 걸릴 가능성이 높아지는 것은 확실하다. 바다에 잠수를 하러 가면 우연히 상어한테 잡아먹힐 수 있고, 등산을 하면 우연히 추락할 수 있으며, 외국으로 여행을 가면 우연히 풍토병에 감염될 수 있다. 그러나 모든 가능한 위험을 피해 다니다 보면 지루하기 짝이 없는 인생을 살 확률은 거의 100퍼센트 증가한다. 우리의 인생 계획은 많은 모험과 부작용을 동반하며 우리는 이를 마땅히 감수해야 한다.

우리는 정말 이상할 정도로 위험을 제대로 구분하지 못한다. 많은 사람들이 상어의 공격을 두려워한다. 심지어 위험한 육식 물고기가 한 번도 발견되지 않은 평온한 모래사장에서도 말이다. 하지만 공기 매트리스를 옆구리에 끼고 너무 큰 슬리퍼를 신고 즐겁게 폴짝거리며 해안가 도로를 건너는 데는 아무런 위험을 느끼지 않는다. 행인이 자동차 범퍼에 부딪혀 골절상을 당할 위험은 상어의 입 속으로 들어갈 위험보다 더 높다. 그러나 우리의 두려움은 통계나 숫자에 별로 연연하지 않는다. 이것은 상당히 주목할 만한 일이다. 타당하게 두려움을 느끼고 진짜 위험을 피할 수 있어야 우리의 생존 가능성이 높아질 것이고 결정적인 선택이익이 될 것이다. 진화가 언젠가는 위험을 대하는 아주 이성적인 태도 쪽으로 발전할 것이라 기대할 수 있다. 그런데 그렇게 되기까지는 조금 시간이 걸릴 듯 보인다.

아주 똑똑한 사람들도 위험을 예측할 때 완전히 빗나가는 판단을 내릴 수 있다. 미국 학교에서 벌어진 석면 제거 공사에 관한 유명한 이야기가 좋은 사례다. 석면은 한동안 불에 타지 않는 단열재로 널리 사용됐다. 그런데 석면 가루를 들이마시면 폐질환을 유발하고 심지어 폐암에 걸릴 수 있다는 사실이 밝혀졌다. 그래서 수많은 학교들에서 석면 제거 공사를 실시하기로 결정하고, 아이들을 집으로 돌려보내고 석면 제거 작업을 시작했다. 하지만 그 후에 수치를 더 자세히 조사하게 되었고 일반적인 석면 농도에 노출되어도 질병에 걸릴 가능성은 거의 없다는 결론에 이르렀다. 반면에 매년 수많은 아이들이 집이나 길거리에서 사고로 목숨을 잃는다. 따라서 아이들의 안전을 위해서라면 석면 제거 작업을 하는 동안 아이들이 집이나 길거리에서 놀게 방치하는 것보다 극히 낮은 석면 위험성을 감수하는 것이 나았을 것이다.

2001년 9월 11일 비행기 네 대가 추락하고 그중 두 대가 끔찍하게 세계무역센터 건물을 향해 돌진한 테러 공격 이후, 미국에서 비행기 승객의 숫자가 감소했다. 많은 사람들은 추가적인 테러 공격을 두려워했다. 미국인들은 다른 이동 수단을 선택했고 특히 장거리 승용차 이용량이 증가했다. 그 결과로 승용차 교통사고 사망자가 늘어났다. 심리학자인 게르트 기거렌처(Gerd Gigerenzer)는 2001년 10월에서 2002년 9월까지 미국 내 도로에서 교통사고 사망자 1,600명이 추가로 발생했다고 밝혔다. 많은 사람들이 위험성을 잘못 판단해서 비행기를 기피하고 대신 자동차를 선택했기 때문이었다. 테러로 인해 추락한 비행기에 타고 있던 승객들의 숫자보다 훨씬 더 많은 사람들이 비행기에 대한 두려움 때문에 나중에 자동차 교통사고로 사망했다.

비행기를 타면 우리는 전적으로 다른 사람에게 의지해야 하지만 자동차를 운전할 때는 자기 자신이 스스로 상황을 통제할 수 있다고 믿는다. 그래서 더 안전하다고 느끼는 것이다. 이렇게 생각하는 것이 이해는 가지만 통계적으로 봤을 때는 틀렸다. 안전을 이유로 총기를 구입하는 사람도 비슷한 실수를 저지른다. 어떤 집에 강도가 침입했다는 얘기를 듣고 자기 가족을 지키기 위해 총을 구입한다. 그런데 총을 구입함으로써 가족의 안전이 강화되는 것이 아니라 오히려 위태로워진다는 것을 분명히 확인할 수 있다. 누군가 총기를 이용해서 위험한 강도를 쫓아내는 데 성공하는 경우도 물론 있을 것이다. 그러나 무장 강도와 총격전을 벌이는 것보다는 도망을 가는 것이 자신의 안전을 위해 더 좋고, 집에 무기가 있으면 외부의 침입자 없이도 끔찍한 사고가 일어날 가능성이 비교할 수 없을 만큼 높아진다. 통계를 보면 아주 확실하게 알 수 있다. 총기류가 있는 가정은 총기류가 없는 가정에 비해 비극적인 가족 살인이나 끔찍한 사고 또는 자살의 위험성이 더 높다. 자신의 총으로 가족을 죽일 확률이 그 총을 사용해서 가족의 목숨을 지킬 수 있는 가능성보다 훨씬 더 높은 것이다.

오늘날 우리는 수많은 두려움에 노출되어 있다. 방사능 노출, 채소 속에 들어 있는 농약 그리고 물속 화학물질 잔류량 등 우리에게 두려움을 불러일으키는 것들은 너무나 많다. 우리 모두는 건강하게 살고 싶은 소망이 있기 때문에 이런 위험성에 대한 얘기들이 오가는 것은 좋은 일이다. 그러나 늘 굵은 글씨체로 공포를 조장하는 신문 기사 제목들은 그것이 진짜 위험한 것인지 아니면 통계적으로 봤을 때 별로 중요하지 않은 것인지 말해주지 않는다. 인류 역사상 가장 건강하고, 가장 오염되지 않고, 자연 그대로의 상태인 사과도 건강 문제를 일으킬 수 있는 성분을 가지고 있다. 그것은 아주 자연스러운 일이다. 모든 것은 언제나 적정량의 문제다. 우리 중에서 원자로에서 수영을 하거나 오이 샐러드에 농약을 뿌려 먹고 싶은 사람은 아무도 없다.

물론 우리의 건강을 위협하는 화학물질들이 너무나 많다. 하지만 극히 미량은 일반적으로 미미한 영향을 끼치거나 아무런 영향을 끼치지 않는다. 그렇기 때문에 법적으로 기준치를 정하고 이 기준치 이하의 양은 보통 위험하지 않다고 본다. 토마토 케첩, 명품 의류 또는 아기 이유식에서 독성 성분이 검출되었다고 격분하는 기사를 보고 들으면 패닉에 빠질 것이 아니라 다음과 같은 질문을 먼저 던져야 한다. 그것이 정말 위험한 것인가? 기준치를 초과했는가? 그 정도의 양이 위험하다는 과학적 증거가 있는가?

물론 격분하고 삿대질을 하면서 아주 미미한 위험이라도 없애야 한다고 주장할 수도 있다. 그러나 비행기와 자동차 중에서 선택할 때와 마찬가지로 여기서도 서로 다른 확률을 비교해봐야 한다. 만약 내가 기준치 하향 조정 촉구를 위한 시위에 참가하기 위해 길을 나섰다가 내 머리 위로 벽돌이 떨어질 확률이 내가 싸우고자 하는 위험보다 현저히 크다면 그냥 집에 있는 것이 나을지도 모른다. 나의 불안, 분노 그리고 스스로 자초한 심리적 스트레스 때문에 생긴 건강 문제가 내가 원래 두려워하는 대상보다 더 크다면 자기 자신의 감정에 대해 다시 한 번 차분히 생각해보는 것이 좋다. 가설에 근거한 중요하지 않은 위험을 최소화하기 위해 자기 자신을 진짜 위협적인 상황에 노출시켜서는 안 된다.

반면에 정말 재앙적인 위협이 될 수 있음에도 불구하고 우리가 상당히 무심하게 넘겨버리는 위험들이 있다. 기후 변화가

100년 후 지구의 환경에 어떤 영향을 줄지 오늘날 정확하게 말할 수 있는 사람은 아무도 없다. 우리의 예측은 완벽하지 않으며 그저 가능성에 대해서만 얘기할 수 있을 뿐이다. 그러나 현재 우리가 알고 있는 사실들로 미루어보아 전망이 그리 좋아 보이지는 않는다. 오늘날 기온이 높아지고 있고 그 책임이 인간에게 있다는 사실은 의심의 여지가 없다. 해안 지역들은 침수되고, 농업 분야의 기후재해로 인해 경제적인 문제가 발생하며, 위협적인 민족이동으로 인해 더욱 악화될 수 있다. 질병이 확산되고 드넓은 평야가 불모지로 전락해버릴 수도 있다. 그러나 놀랍게도 이런 사실들은 사람들을 잠들지 못하게 만드는 주제가 되지 못한다. 사무실에서 커피를 마시는 휴식 시간에 열띤 토론을 유발하려면 유전자조작 동물사료 또는 유기농 사과 재배에 사용하는 인공 비료에 관한 얘기를 꺼내면 된다. 그러나 기후변화는 사람들에게 그렇게 격한 감정을 불러일으키지 않는다.

또한 우리는 내성 병원체의 심각성에 대해 거의 생각하지 않는다. 항생제를 남용함으로써 항생제를 점점 무력하게 만드는 균들을 키운다. 이런 균들은 병원에서 자주 찾아볼 수 있고 아주 조심스럽게 다뤄야 한다. 그런데 언젠가 내성이 생긴 균들이 엄청나게 퍼졌는데 이런 균들을 치료할 방법을 찾지 못한다면 어떻게 될까? 이것은 수많은 사람의 목숨을 앗아 갈 수 있는 끔찍한 시나리오다. 그러나 이에 대한 폭넓은 사회적 논의는 부족한 것이 현실이다.

우리는 정작 가장 시급하게 해결해야 하는 문제에 매달리지 않는다. 우리는 통계의 법칙에 따라 우리를 가장 위협하는 문제에 맞서 싸우지 않는다. 대신에 우리는 재미있고 매혹적이고 흥미진진하다고 생각하는 위협에 집중한다. 그리고 우리가 잘 이해하지 못하는 위험은 차라리 아예 무시해버린다. 우리는 우리 친구들이 흥분하는 문제에 대해 같이 흥분한다. 이 세계의 문제에 대한 우리의 격분은 지나치게 사회적인 유희처럼 되어버려 특정한 집단에 대한 소속감을 드러낸다. 우리가 지지하는 정당의 대표가 어떤 사안에 대해 불안감을 느끼면 우리도 마찬가지로 그 사안에 대해 불안을 느끼기로 결정한다.

우리는 위험과 불안에 관련해 조금 더 과학적이고 이성적으로 행동하는 법을 시급히 배워야 한다. 그렇지 않으면 몇 차례의 불행한 우연으로 인해 우리 자신을 이 행성에서 추방해버리는 일이 발생할 수도 있다. 만약 그렇게 되면 인류에게 상당히 안타까운 일이다. 과학과 문화를 만들어낼 수 있는 지능을 가진 종(種)이 다시 출현하기까지는 수백만 년이 걸릴 것이다. 그런데 그렇게 생겨난 종이 우연, 위험 그리고 모험에 대해 더 현명한 사고력을 갖고 있을지는 아무도 장담할 수 없다.

스스로 만든 우연, 스스로 만든 패턴

1부터 20까지의 숫자 중에서 하나의 숫자를 떠올려보자. 아무 숫자나 떠오르는 대로 마음대로 골라도 된다. 빨리!

당신이 어떤 숫자를 떠올렸는지 나는 알 수 없다. 하지만 여러 사람들에게 이런 질문을 하다 보면 인간은 상당히 형편없는 우연 발생기라는 사실을 알 수 있다. 우리가 정말 우연히 아무 숫자나 선택한다면 1에서 20까지의 숫자가 비교적 골고루 나와야 한다. 그런데 실제로 사람들이 떠올리는 숫자는 상당히 편중되어 있다. 우리 인간은 우연과 의미 있는 맥락을 구분하는 데 서투를 뿐만 아니라 진짜 우연을 모방하는 것조차 하지 못한다.

우리에게 아무 숫자나 고르라고 하면 즉흥적으로 특별한 것이 떠오르지 않는, 되도록이면 눈에 띄지 않는 숫자를 고르는 경향이 있다. 당신이 숫자 20을 골랐을 가능성은 거의 없다. 아마 숫자 10도 피했을 것이다. 10단위의 숫자는 우연한 숫자처럼 느껴지지 않기 때문이다. 숫자 3과 7은 문화적으로 중요한 의미를 지닌 숫자들이고 13은 불행의 숫자이기 때문에 역시 제외된다. 진짜 우연 발생기라면 이런 것을 전혀 염두에 두지 않고 10단위 숫자나 불행의 숫자를 다른 숫자와 똑같이 선택했을 것이다. 하지만 인간은 그러기가 쉽지 않다.

나에게 당신이 고른 숫자를 맞혀보라고 한다면 나는 당신이 홀수를 선택했다고 예상한다. 경험에 의하면 사람들은 짝수보다 홀수를 더 많이 선택한다. 그리고 사람들은 특히 소수(素數, 약수가 1과 자기 자신뿐인 자연수. 2, 3, 5, 7, 11, 13, 17, 19 등이 있다)를 좋아한다. 혹시 당신이 고른 숫자가 17인가? 다음 모임에서 한번 실험해보라. 사람들에게 아무 숫자나 고르라고 했을 때 얼마나 많은 사람들이 17을 고르는지 보면 아마 놀라게 될 것이다.

하지만 숫자 하나만으로는 아직 많은 것을 알기에는 부족하다. 더 긴 우연의 숫자들을 살펴보면 더욱 흥미로워진다. 동전을 100번 던져보면 좀 더 쉽게 알아볼 수 있다. 동전의 앞면이 나오면 0을 기록하고 숫자가 있는 뒷면이 나오면 1을 기록한다. 그런 다음에 어떤 사람에게 마찬가지로 숫자 0과 1을 순서에 상관없이 마음대로 적어보라고 부탁한다. 당신이 부탁한 사람이 우연히도 우연을 연구하는 수학자가 아니라면 사람이 고른 우연의 숫자 배열과 동전을 던져서 나오는 우연의 숫자 배열은 확연히 다를 것이다.

우리는 한 가지 숫자가 길게 연속적으로 이어지는 것을 본능적으로 피한다. 다섯 번 연속 1? 이것은 왠지 우연처럼 보이지 않아서 세 번째 1뒤에 0을 끼워 넣어야 마음이 편하다. 그러나 동전을 던졌을 때 정말 우연히 하나의 숫자가 길게 연속으로 나올 가능성은 상당히 높다. 우연은 이따금 눈에 띄는 패턴을 만들어내며, 이렇게 눈에 띄는 패턴을 회피하는 것이 오히려 눈에 띄게 된다. 우리 인간이 알아차릴 수 있는 패턴을 만들지 않으려고 애쓰는 것이 바로 인간과 우연 발생기의 차이점이다.

이와 관련해서 아주 흥미로운 실험들이 몇 가지 있다. 여러 사람에게 1에서 9까지의 숫자를 마음대로 배열해보라고 한 뒤 그 결과를 통계학적 방법으로 분석했다. 이때도 숫자가 반복적으로 이어지는 것에 대한 사람들의 반감을 확인할 수 있었다. 우연의 법칙에 따르면 동일한 숫자가 연속으로 등장하는 것이 자연스러운 일임에도 불구하고 동일한 숫자를 연속으로 적은 사람은 현저히 적었다. 그 대신 어떤 숫자보다 하나 낮거나 높은 숫자를 앞뒤로 배치하는 비율이 압도적으로 높았다. 따라서 실험 참가자가 기록한 숫자 몇 개만 알면 다음에 어떤 숫자를 적었을지 얼마든지 예측 가능할 정도였다. 2012년에 20명을 대상으로 실시한 실험에서 25퍼센트 이상의 적중률을 보였고, 특별히 간파하기 쉬운 사람들에 대한 예측의 적중률은 45퍼센트에 이르렀다. 이것은 그렇게 압도적인 적중률로 느껴지지 않겠지만 우연 발생기로 아홉 개의 숫자를 배열하는 실험을 실시했을 때 다음에 어떤 숫자를 선택했을지 알아맞힌 적중률은 11퍼센트에 불과했다.

진짜 우연히 만들어지는 숫자 배열과 달리 우리가 자신도 모르게 인위적으로 만드는 숫자 배열이 사람마다 다르다는 점은 상당히 주목할 만하다. 어떤 실험 참가자가 선택한 숫자 배열을 컴퓨터로 분석해보면 그 참가자의 통계적인 우연-지문 같은 것을 밝혀낼 수 있다. 그런 다음에 그 사람의 숫자 배열과 또 다른 사람의 숫자 배열, 이렇게 두 가지를 살펴보면 어떤 숫자 배열이 앞서 분석한 사람이 만든 것인지 놀라울 정도로 잘 알아맞힐 수 있다. 이 실험의 적중률은 88퍼센트에 달했다. 우리는 우연을 만들어내려고 할 때 각자 개인적 특징을 드러내며 진짜 우연에서 벗어난다.

반대로 우리는 그저 우연히 만들어진 모양에서 어떤 패턴을 찾아내려는 경향이 있다. 우리는 진짜 우연히 생성된 배열을 아주 이상하게 느낀다. 좋아하는 가수 일곱 명의 노래를 모아서 '임의 재생' 버튼을 누른다. 그리고 노래를 듣다가 같은 가수의 노래가 세 곡 연속으로 흘러나오는 것을 의아하게 생각한다. 우리는 우연 발생기가 제대로 작동하지 않는다고 불평하고, 마치 소스를 제대로 섞지 않았을 때 소스에 밀가루 덩어리가 발생하는 것처럼 노래들이 덩어리가 졌다고 생각한다. 그렇지만 우연히 조합한 노래 목록에서 동일한 가수의 노래 세 곡이 연속해서 흘러나오는 것은 통계적으로 봤을 때 얼마든지 가능한 일이다.

소프트웨어 제작자들은 이런 사실을 염두에 두고 동일한 가수의 곡들이 연이어 나오지 않도록 조작한다. 사람들이 우연처럼 느낄 수 있도록 선곡을 완전히 우연에 맡기지 않고 개입하는 것이다. 그럼에도 불구하고 우리는 여러 노래들이 연이어 흘러나올 때 어떤 패턴을 알아차리려고 애쓴다. 어쩌면 굉장히 슬픈 노래 다섯 곡이 연이어 흘러나오거나, 모두 똑같은 세 개의 기타 코드로 연주한 노래 일곱 곡이 연속으로 나오거나, 아니면 1980년대 노래들이 눈에 띄게 많이 나올 수도 있다. 우리는 언제나 어떤 이상한 점을 발견하며, 만약 그런 것을 발견하지 못한다면 대단히 균형 잡히고 특이한 점이 눈에 띄지 않는 우연 목록과 마주하고 있는 것인데, 이것 자체가 놀라운 패턴이 될 것이다.

우리는 수시로 변동하는 주가 그래프를 보면서 반복되는 구조를 알아차린다. 화성의 암석을 찍은 사진을 보면서 눈과 입이 있는 얼굴을 떠올린다. 밤하늘을 바라보고 감탄하면서 반짝이는 별들을 이어서 자동적으로 어떤 모양을 떠올린다. 이런 모든 패턴들은 이 세계의 특징이 아니라 그저 우리 머릿속에서 생겨나는 것이다. 그것이 잘못된 것은 아니다. 그렇지만 이런 패턴들에 있지도 않은 미신적인 의미를 부여하지 않도록 조심해야 한다.

행운 게임의 법칙

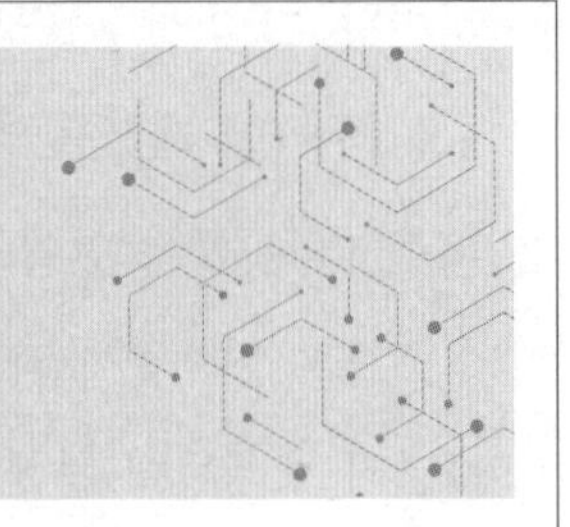

룰렛 예측 기계, 대수의 법칙 그리고 과학적으로 올바른 로또 게임:
우연을 이해하는 사람이 결국 승자가 된다.

딜러가 서른일곱 개의 숫자가 적힌 룰렛 휠을 돌린다. 룰렛 공은 그 안에서 힘차게 돌다가 결국 어떤 숫자 칸에 떨어져 멈춘다. 룰렛 휠 주변에 모여서 잔뜩 긴장하며 지켜보던 사람들은 이제 환호성을 지르거나 입술을 꽉 깨물고 화를 억눌러야 할 차례다. 그렇지만 카지노 입장에서는 결과가 어떻게 나오든 상관없다. 장기적으로 보면 항상 카지노가 이기기 때문이다.

카지노는 상당히 이상한 곳이다. 우리는 대부분의 삶의 영역에서 예측 가능성에 큰 가치를 두고 가능한 한 위험을 피해 가려고 한다. 보험업계 전체가 우리가 우연의 권력으로부터 벗어나기 위해 지불하는 돈으로 운영된다. 우리는 보험금을 지불하고 보험사는 우리를 대신해서 위험을 떠맡는다. 반면에 카지노에서 우리는 위험을 높이기 위해 돈을 지불한다. 대부분의 경우처럼 우연을 제어하려고 하기보다는 오히려 인위적인 우연을 키워서 아주 의도적으로 내달리게 만든다. 카지노 내에서는 불안의 짜릿함을 즐기는 반면 밖의 주차장에 세워둔 비싼 자동차는 보험을 잘 들어두었다. 혹시 모를 위험에 대비해서 말이다.

인위적인 우연을 만들어내는 방법에는 여러 가지가 있다. 그중 하나가 룰렛 테이블이다. 카지노 입장에서는 모든 랜덤 기계들이 악용할 소지가 있는 숨은 규칙 없이 정말 순전히 우연하게 숫자들이 나오도록 하는 것이 중요하다. 우연의 결과의 품질은 수학적 방법을 통해 검사할 수 있다. 실제로 모든 숫자들이 똑같이 자주 등장하는지 계산할 수 있다. 그리고 각 결과 사이에 어떤 통계적인 관련성이 있는지 분석할 수 있다. 다음에 나타날 우연의 결과는 다른 어떤 우연한 추첨의 결과와 관련이 있어서는 안 된다. 룰렛 게임에서 연이어 다섯 번 빨간색이 나온다고 해서 다음 판에도 빨간색이 나올 가능성에 영향을 끼쳐서는 안 된다. 어느 날 저녁에 나왔던 세 번째 우연의 숫자와 일흔한 번째 나온 우연의 숫자 사이에 통계적인 관련성이 있어서는 안 된다. 오늘날에는 모든 것을 컴퓨터로 비교적 쉽게 테스트해볼 수 있고, 제대로 잘 만든 룰렛 휠이라면 이런 테스트를 모두 잘 통과할 것이다.

그렇다고 해서 룰렛 휠이 완벽한 랜덤 기계라는 것을 의미하지는 않는다. 결과는 수학적으로 모든 우연의 기준들을 충족할지는 몰라도 기술적인 트릭을 이용하여 룰렛 게임에서 교묘하게 속일 수 있다. 물리학을 전공하는 캘리포니아 대학생 팀이 1970년대 말에 바로 그런 시도를 했다. 아이디어는 간단했다. 룰렛 공의 움직임을 측정하면 돌고 있는 룰렛 휠의 어떤 지점에서 공이 멈출지 계산해서 대략 예측할 수 있다는 것이었다. 공은 조금 더 돌아다닐 수도 있지만 대개는 그 지점에서 그리 멀지 않은 곳에 멈춘다. 따라서 룰렛 공이 아직 평온하게 돌고 있는 동안에 그 공이 어떤 숫자 칸에 멈출지 얼른 계산해내는 데 성공한다면 제때 그 숫자에 베팅을 해볼 수 있다는 생각이었다.

이 팀은 수년간 룰렛 공이 움직이는 패턴을 분석해서 컴퓨터 프로그램을 개발하고 마침내 공의 궤도를 예측해낼 수 있는 전자기기를 만들었다. 한 사람이 룰렛 휠의 회전과 공의 궤도를 면밀히 관찰한 후 신발에 감춰둔 미니컴퓨터에 그 정보를 발가락으로 입력한다. 그러면 컴퓨터는 휠의 어느 구간이 가장 성공 가능성이 높은지 계산해서 다른 사람이 셔츠 아래 차고 있는 진동기계에 이런 정보를 전달한다. 물론 이 방법은 오류가 일어나기 쉽고 이런 방법으로 잘못된 숫자에 베팅을 하는 경우도 있지만 그것은 상관없다. 장기적으로 보면 이런 방법으로 카지노에서 돈을 뜯어내기 위해서는 승리 기회를 조금만 올리는 것으로도 충분하다.

몇 가지 사고가 발생하기도 했다. 고통스러운 전기 충격과 과열된 진동기계에 의한 피부 화상을 입기도 했지만 전체적으로 봤을 때 당시에 이 방법은 상당히 잘 작동했다고 한다. 그렇다고 해서 이들이 부자가 된 것은 아니다. 이들이 거둬들인 몇천 달러는 이들이 이런 프로젝트에 투자한 시간에 비하면 별로 많은 것이 아니었다. 하지만 기술 과학적 관점에서 보면 룰렛 예측은 대단한 업적이었다. 팀의 일원이었던 도인 파머(J. Doyne Farmer)는 나중에 옥스퍼드 대학교 수학과 교수가 되어 계속해서 복잡한 시스템의 예측 방법을 연구하는 데 매진했다.

룰렛 게임이 어느 정도 예측 가능했던 이유는 그것이 아주 카오스적이지는 않기 때문이다. 룰렛 휠을 두 번 모두 아주 비슷한 방식으로 돌리고 공을 두 번 모두 비슷한 방식으로 굴리면, 두 번 모두 같은 숫자가 나오리라 확신할 수는 없지만 그래도 그럴 가능성은 현저히 높아진다. 그러나 로또의 경우에는 다르다. 로또 공은 통 안에서 거침없이 어지럽고 예측 불가능하게 굴러다니기 때문에 매번 동일한 초기조건을 선택한다고 해도 모든 숫자는 거의 비슷한 비율로 당첨된다. 따라서 로또에서는 결과를 예측하기 위해 추첨이 시작되자마자 공의 움직임을 측정하는 것이 완전히 무의미하다. 아무리 세계에서 가장 좋은 컴퓨터라고 해도 어떤 공이 추첨될지 예측하는 데 성공하지 못할 것이다.

카지노에서는 비교적 단순한 랜덤 기계에 만족한다. 하지만 물리학적으로 봤을 때 우연의 숫자를 생성할 수 있는 훨씬 더 흥미로운 가능성들이 있다. 가령 저항을 통과하고 난 전류는 완벽하게 불변인 것은 아니다. 저항전자의 우연한 움직임으로 인해 온도의 영향을 받는 잡음 저항이 발생한다. 적합한 전자 스위치를 이용해서 이런 소음을 우연한 숫자 배열로 전환할 수 있다. 우리가 주파수를 잘못 맞췄을 때 라디오에서 흘러나오는 대기 잡음도 마찬가지다. 이런 모든 효과들을 원칙적으로 카지노의 랜덤 기계에서 이용할 수 있다.

물리학에서 여러 종류의 우연들을 서로 명백하게 구분할 수 있는지에 대해서는 의견이 분분할 수 있다. 전기적 저항에 의한 잡음이 로또 추첨에서 공이 마구 굴러다니는 것과 근본적으로 다른 것인지, 또 카오스 이론의 우연이 양자의 우연과 근본적으로 차이가 있는지에 대해 논쟁의 여지는 있다. 하지만 결국에는 아무래도 상관없는 일이고 카지노 운영자가 이런 질문들 때문에 밤새 잠을 자지 못하는 일은 없을 것이다.

하지만 양자물리학이 더 나은, 더 강력한 우연의 버전을 가져다준다고 생각하는 사람은 오늘날 양자 사건에 기반을 둔 랜덤 기계를 구입할 수 있다. 가이거 계수기는 방사능 원자의 분열을 측정한다. 이런 분열은 양자물리학적으로 봤을 때 완전히 예측 불가능하기 때문에 가이거 계수기는 난수(亂數)로 환산할 수 있는 우연한 측정 데이터를 제공한다. 다른 랜덤 기계들은 양자 입자가 파동의 성질을 지니고 있다는 것에 근거한다. 빛의 입자를 반투명 거울을 향해 보낸다. 처음에 입자는 반사될지 아니면 거울을 통과할지 선택하지 않아도 된다. 입자는 마치 파도처럼 나뉘어서 가능한 두 가지 길을 향해 동시에 움직일 수 있다. 그런 다음에 빛의 입자가 어디에 있는지 측정할 때 입자는 한쪽을 선택하도록 강요받는다. 입자를 거울의 앞면 또는 뒷면에서 측정할 수 있고 이 측정의 결과는 순전히 우연이다. 이러한 양자 측정의 결과보다 더 우연한 난수는 거의 상상하기 힘들다.

흥미롭게도 오늘날에는 난수를 그냥 컴퓨터에서 생성해낸다. 이것은 사실 모순처럼 들리기도 한다. 일반적으로 컴퓨터 프로그램은 우연과는 반대이기 때문이다. 컴퓨터 프로그램은 대체로 아주 정확하고 예측 가능한 방식으로 상세하게 기술된 과제를 정확한 규칙에 따라 처리하는 것이 임무다. 하지만 명확하게 규정된 수학적 법칙에 따라 모든 우연의 테스트를 통과할 수 있는 수열을 만들어낼 수 있다. 허용된 모든 숫자들은 동일한 빈도로 등장하고 통계적으로 증명할 수 있는 패턴은 존재하지 않는다. 그럼에도 불구하고 이런 숫자들의 순서는 엄격한 의미에서 보면 우연이 아니다. 이 프로그램을 여러 번 돌리면 매번 정확히 똑같은 숫자를 뱉어낸다. 그래서 이런 데이터를 '의사난수

(擬似亂數)'라 부르기도 한다.

예를 들어 0에서 1 사이의 숫자로 이루어진 난수를 갖고 싶으면 우리는 임의의 숫자를 가지고 시작한다. 시작 숫자를 0.37이라고 해보자. 그런 다음에 또 다른 숫자를 선택해서 그 숫자를 가지고 또 다른 난수를 만들어낸다. 예를 들어 17을 선택한다. 두 숫자를 곱해보면 6.29가 나온다. 우리는 0과 1 사이에 있는 숫자를 원하기 때문에 6을 버리고 소수점 이하의 숫자를 새로운 난수로 취한다. 이제 우리가 갖게 된 숫자 0.29를 또다시 17과 곱해서 소수점 이하의 숫자만 취하면 0.93이 나온다. 이런 식으로 계속하다 보면 0.81, 0.77 그리고 0.09가 나온다. 우리는 상당히 우연처럼 보이지만 명확하고 이해 가능한 법칙에 따라 계산된 수열을 갖게 된다. 그러나 이런 방식에는 근본적인 문제가 있다. 이 방식은 임의로 많은 숫자를 제공하지 않는다. 우리가 이미 가지고 있는 숫자가 다시 나오면 이어서 또다시 같은 숫자들이 등장한다. 그러면 전체 수열은 계속 돌고 돌게 된다.

무한히 많은 우연한 데이터를 원한다면 그냥 무한히 많은 소수점 이하 자리를 가진 숫자를 선택하면 된다. 예를 들어 파이(π)의 숫자는 절대 끝이 나지 않고 주기적으로 반복되지 않는다는 것을 수학적으로 증명할 수 있다. 파이의 소수점 이하 자리들을 쭉 나열하다 보면 0에서 9 사이의 숫자가 무한하게 계속 이어지는 것을 볼 수 있다. 우리가 오늘날 알고 있는 바로는 이 무한한 숫자의 나열에 우리가 인식할 수 있는 어떤 패턴은 없다. 파이의 수백만 자리 숫자를 통계적으로 조사해보면 우연한 수열에서 우리가 기대하듯이 모든 숫자들이 비교적 동일한 빈도로 나타나는 것을 확인할 수 있다. 우리가 생각해내는 어떤 임의의 수열이라도 파이의 숫자 속에 언젠가는 나타난다고 볼 수 있다. 우리가 충분히 오래 찾기만 한다면 말이다. 동전 던지기의 결과를 기록한 무한히 긴 목록 또는 로또 추첨 결과의 경우도 마찬가지일 것이다. 가능한 모든 숫자의 조합이 언젠가는 나타날 것이다.

재미 삼아서 파이의 숫자를 알파벳으로 전환해 어떤 단어나 문장을 찾아볼 수도 있을 것이다. 그러면 언젠가 "이것을 읽는 사람은 바보"라는 숫자 코드가 나타날 것이다. 파이의 숫자 어딘가에서는 이 책의 전체 텍스트를 찾아볼 수 있을지도 모른다. 다만 우연히 조합된 끝없이 긴 알파벳들 속에서 의미 있는 책의 내용을 발견할 수 있을 만큼 충분히 많은 파이의 소수점 이하 자리 숫자를 계산해낼 사람은 아무도 없을 것이다. 차라리 책을 새로 쓰는 편이 훨씬 덜 수고스러울 것이다.

그렇지만 파이의 소수점 이하 숫자들이 모두 난수의 특징을 가지고 있는지 엄격하게 증명할 수는 없다. 이는 랜덤 기계를 제작하는 사람들에게는 관심 밖의 일이다. 어떤 카지노 운영자도 파이의 숫자에 기인하는 결과가 나오는 도박 기계를 구입하지는 않을 것이다. 이런 맥락을 알아차리는 사람에게 기계가 완전히 예측 가능해지기 때문이다. 물론 파이의 숫자는 아주 특별한 것이며 우연의 산물이 아니다.

그렇지만 파이의 숫자가 우리가 만든 가장 좋은 수학적 우연성 테스트를 통과한다면 파이의 소수점 이하 숫자들과 진짜 우연한 수열의 차이를 어떻게 정의할 수 있을까? 러시아의 수학자인 안드레이 콜모고로프(Andrey Nikolaevich Kolmogorov)는 이를 위해 오늘날 '콜모고로프 복잡도'라 부르는 척도를 도입했다. 콜모고로프 복잡도는 그 수열을 생성하는 최소 프로그램의 크기로 정의한다. 간단한 규칙에 의해 만들어진 수열은 아주 짧은 프로그램을 통해 생성할 수 있다. '101010101010101'을 만들기 위해서는 그냥 컴퓨터에 다음과 같은 명령을 내리면 된다. "1을 쓰고 다음에 0을 쓰고 그런 다음에 처음부터 다시 시작." 파이 숫자의 콜모고로프 복잡도 역시 상당히 낮다. 원의 둘레와 지름의 비로 아주 간단하게 정의된다. 파이를 간단하게 컴퓨터상으로 계산할 수 있는 방법은 많으며 굳이 긴 프로그램은 필요하지 않다.

어떤 수열에 의미 있거나 논리적인 구성 법칙이 전혀 없다면 숫자를 그냥 길게 쭉 적을 수밖에 없다. 숫자를 더 간단하게 정의할 수 있는 방법은 없다. 수열을 가장 짧게 설명할 수 있는 방법은 수열 그 자체다. 그리고 콜모고로프의 복잡도는 이 수열의 길이에 상응한다. 이런 경우 우리가 아무리 오래 숫자를 분석한다고 해도 이 수열의 진짜 구조를 알아내는 데 절대 성공하지 못할 것이다. 우리가 아무리 수열의 많은 숫자를 알고 있다고 해도 콜모고로프 복잡도가 최고치일 경우에는 수열이 어떻게 계속되는지 추측할 수 있는 방법이 없다. 카지노에서 룰렛 휠이 생성하는 숫자들 역시 이런 특징을 가지고 있어야 한다.

대수의 법칙

그럼에도 불구하고 도박에서 숨은 법칙을 찾아내려고 애쓰는 사람들은 항상 있다. 특히 오랫동안 당첨되지 않았던 숫자가 이제는 당첨될 때가 됐다는 믿음이 널리 퍼져 있다. 물론 이것은 사실이 아니다. 우연은 지난 수천 번의 로또 추첨에서 무슨 일이 있었는지 전혀 개의치 않는다. 우연은 의식도 없고 기억력도 없다.

이런 믿음 뒤에는 잘못 이해한 수학적 법칙이 숨어 있다. 바로 대수(大數)의 법칙이다. 대수의 법칙은 자주 반복되어 실시되는 우연성 실험에 대해 우리에게 알려준다. 우리가 어떤 사건을 관찰할 때 특정한 결과가 나오는 비율은 여러 차례 시도했을 때의 확률과 상당히 일치할 것이다. 동전 던지기의 경우 승리 가능성은 50퍼센트다. 따라서 충분히 오래 시도하다 보면 대략 50퍼센트 정도의 승률을 거둘 수 있다. 가령 주사위 던지기나 룰렛 게임에서 각각의 결과가 나올 확률이 동일할 경우, 여러 차례 반복하다 보면 모든 결과들이 대략 비슷한 빈도로 나타나는 것을 확인할 수 있다.

다만 문제는 '대략 비슷한 빈도'가 무엇을 의미하는가이다. 지난 수십 년 동안의 로또 당첨 번호를 분석해보면 모든 숫자가 정확히 같은 빈도로 나오지는 않았다는 사실을 알 수 있다. 가장 많이 나온 번호가 가장 적게 나온 번호보다 112배나 자주 나왔다면 대수의 법칙에 따라 조만간 균형이 이루어져야 하는 것일까? 두 숫자의 격차가 앞으로 줄어들 것이라 예상할 수 있을까? 아니, 오히려 그 반대다! 앞으로 로또 추첨을 500회 더 진행하면 가장 자주 나오는 숫자와 가장 적게 나오는 숫자 사이의 간격은 점점 더 벌어질 것이다.

동전 던지기를 열 번 할 경우 나는 대략 다섯 번 정도 이길 것이라 기대할 수 있다. 내가 세 번밖에 이기지 못한다고 해서 놀랄 일은 아니다. 그런데 이 결과에 곱하기 10을 해보자. 동전 던지기를 100번 했는데 30번밖에 맞히지 못하는 것은 상당히 놀라운 일이다. 그리고 동전 던지기를 1,000번 했을 때 300번밖에 이기지 못하면 동전에 뭔가 문제가 있다는 의심이 들 수밖에 없다. 이 경우들 모두 맞힌 확률은 30퍼센트이지만 실제로는 50퍼센트에 근접해야 한다. 동전을 100번 던졌을 때 46번 맞히고 1,000번 던졌을 때 487번 맞히면 그렇게 된다. 46번 맞힌 것은 기대했던 50번보다 네 번이 부족하고, 487번은 동전을 1,000번을 던졌을 때 기대했던 500번보다 열세 번이 부족하다. 기대치로부터의 절대적인 편차는 증가했지만 적중률은 예측과 더 잘 맞아떨어진다. 대수의 법칙을 이렇게 이해할 수밖에 없다.

카지노 베팅 금액이 제한되는 이유

우연은 어떤 책략을 써서 이길 수 없다. 하지만 때로는 얼마만큼의 위험을 감수할 것인지 선택할 수 있다. 룰렛 게임에서는 적은 기회와 큰 이익 또는 많은 기회와 작은 이익 중에서 선택할 수 있다. 우리가 이익의 기회와 크기 사이의 균형을 어떻게 정할지는 취향의 문제다.

위험을 좋아하는 사람은 자신의 돈을 몽땅 단 하나의 숫자에 건다. 룰렛 게임에는 0을 포함해서 전부 서른일곱 개의 숫자가 있다. 따라서 승리할 확률은 37대 1이다. 확률이 높지는 않지만 제대로 맞히기만 하면 자신이 베팅한 돈의 36배를 지급받는다. 이것은 거의 공정하다. 룰렛 휠에 36개의 숫자밖에 없다면 장기적으로 봤을 때 룰렛 게임을 하는 사람도 카지노도 수익을 얻을 수 없을 것이다. 하지만 37번째 숫자로 0이 끼어 있기 때문에 평균적으로 건 돈의 37분의 1이 카지노의 수익으로 돌아간다. 룰렛 테이블에 베팅하는 1유로는 통계적으로 봤을 때 약 97.3센트의 가치를 지닌다. 이것은 단지 숫자가 아니라 예를 들어 빨간색이나 검은색에 베팅할 경우에도 마찬가지다. 그러면 승리할 확률은 높아지지만 이익금은 낮아지고 각 게임마다 37분의 1의 손실을 염두에 두어야 한다.

반면에 아주 안전하게 베팅하고 싶다면 0을 포함한 모든 숫자에 베팅할 수 있다. 그러면 확실하게 어떤 숫자로는 이길 수 있지만 다른 모든 숫자들은 패배하는 것이다. 그것은 마치 자신이 가진 돈의 37분의 1을 그냥 불태워버리는 것과 같다. 결과는 완전히 예측 가능하다. 하지만 자신이 건 돈의 37분의 1을 가지고 할 수 있는 더 재미있는 일들은 얼마든지 많다.

위험과 수익의 밀접한 관계를 이용할 수 있는 더 재미있는 가능성은 '마틴게일'이라고 부르는 유명한 룰렛 시스템이다. 처음에는 적은 금액을 베팅한다. 가령 빨간색이나 검은색에 거는 것이다. 이기게 되면 한껏 기뻐하며 집으로 돌아가면 된다. 만약 지게 되면 판돈을 두 배로 높여서 다시 한 번 게임을 한다. 또다시 질 경우에는 언젠가 이기게 될 때까지 계속 판돈을 두 배로 높인다.

50유로로 시작해서 네 번 연속 진다고 가정해보자. 그러면 이미 50+100+200+400 유로를 잃은 것이다. 합쳐서 전부 750유로다. 다섯 번째 판에서는 판돈을 다시 두 배로 높여서 800유로를 걸고, 이번에는 다행히 행운이 따른다. 베팅한 돈의 두 배를 지급받으므로 이번 판에서 800유로를 딴 것이다. 이 중에서 앞서 잃은 750유로를 제해야 하니까 전체적으로 보면 순이익 50유로를 얻은 셈이다. 이것은 첫 번째 판에서 베팅한 바로 그 금액이다.

판돈을 계속 두 배로 늘리다 보면 단 한 번 이기기만 하면 언젠가는 순이익을 거두고 집으로 돌아갈 수 있다. 어차피 영원히 지는 것은 불가능하다. 계속해서 빨간색에 베팅하면 언젠가 빨간색이 나오는 것은 통계적으로 불가피한 일이다. 그렇게 되면 최초에 걸었던 판돈을 거둬들일 수 있다.

이것은 아주 확실한 시스템처럼 들리지만 여기에는 당연히 함정이 있다. 매번 판돈을 두 배로 올리다 보면 금세 금액이 엄청나게 높아지기 때문에 일단 그 돈을 동원할 수 있어야 한다. 여러 번 져서 판돈을 계속해서 두 배로 높이기 위해서는 상당히 많은 돈을 가지고 있어야 한다. 아무도 무한정 많은 돈을 보유하고 있지 않기 때문에 마틴게일 시스템에는 항상 엄청난 손실을 입을 가능성이 존재한다. 이길 수 있는 가능성은 상당히 높지만 대신에 안전상 지니고 다녀야 하는 금액에 비해 수익이 상당히 적다.

마틴게일은 어떻게 보면 로또를 거꾸로 하는 것과 비슷하다. 로또의 경우에는 큰 수익을 거둘 수 있는 작은 기회를 얻기 위해 돈이 조금만 있으면 된다. 마틴게일 시스템에서는 작은 수익을 위한 큰 기회를 얻기 위해 많은 돈이 있어야 한다. 전체적으로 보면 이 시스템도 별로 이득이 되지 않는다. 바로 이런 시스템 때문에 카지노에서는 초과하면 안 되는 최대 베팅 금액을 규정해놓고 있다.

상트페테르부르크의 역설

어떤 행운 게임이 우리에게 유리한지 불리한지에 대해 우리는 보통 기댓값을 계산해봄으로써 판단한다. 기댓값을 계산하는 것은 대부분 어렵지 않다. 내가 동전 던지기의 결과를 알아맞히면 누군가 나에게 10유로를 주기로 했다고 가정해보자. 내가 이길 확률은 50퍼센트다. 여기에 내가 얻을 수 있는 10유로를 곱하면 이익 기댓값은 5유로가 된다. 따라서 이 게임에 참여하기 위해 최대 5유로만 지불하는 것이 합리적이다.

이런 기댓값을 염두에 두는 것은 여러 상황에서 상당히 유용하다. 성공적인 포커 게임자들은 항상 그렇게 한다. 그들은 카드 패가 좋지 않을 때도 무작정 스릴을 즐기는 다혈질의 노름꾼들이 아니라 자신의 승률이 어떻게 되는지 그리고 이 게임에 얼마만큼의 돈을 베팅하는 것이 합리적인지 정확하고 냉철하게 계산하는 사람들이다.

하지만 이런 사고방식이 한계에 부딪히는 상황도 있다. 다음과 같은 행운 게임을 생각해보자. 동전 앞면이 나올 때까지 계속해서 동전을 던진다. 처음부터 동전 앞면이 나오면 당신은 운이 나쁜 것이고 아무것도 받지 못한다. 하지만 처음에 뒷면이 나오면 당신은 1유로를 받게 되고 계속해서 동전을 던질 수 있다. 뒷면이 나올 때마다 당신의 수익은 두 배가 되고 처음 앞면이 나오면 게임이 끝나고 당신은 이익금을 지불받는다. 뒷면-뒷면-앞면이 나오면 당신은 2유로를 받게 되고, 뒷면-뒷면-뒷면-앞면이 나오면 4유로를 받게 되는 식이다. 이런 식으로 해서 임의로 높은 이익을 얻을 수 있다. 하지만 높은 수익의 기회는 상당히 적다. 당신은 이런 게임에 참여하기 위해 얼마만큼의 돈을 지불할 용의가 있는가?

이 게임의 이익 기댓값을 계산해보면 이상한 결과를 얻게 된다. 아무것도 얻지 못할 가능성이 50퍼센트, 1유로를 얻을 가능성은 25퍼센트, 2유로를 얻을 가능성은 12.5퍼센트다. 이런 식으로 끝없이 긴 가능성들을 함께 계산해야 하고 이 금액은 끝없이 커진다. 물론 언젠가 앞면이 나오겠지만 이 게임의 이익 기댓값은 무한대다.

따라서 우리가 단순히 기댓값에 의존해 결정을 내린다면 이 경우에는 열광하며 전 재산을 내놓고 받을 수 있는 대출을 최대한 동원해서 이 게임에 참여할 수 있는 기회를 사야 한다. 그러면 우리는 빚을 잔뜩 진 채 아무런 이익도 얻지 못하거나 아니면 기껏해야 몇 유로 정도의 이익만 거두고 집으로 돌아가게 될 가능성이 높다. 그럼에도 불구하고 무한대의 기댓값은 그렇게 하라고 부추긴다.

물론 실제로는 아무도 그렇게 하지 않을 것이다. 이런 동전 던지기 게임에 참여하기 위해 몇 유로 이상을 지불할 사람은 거의 없을 것이다. 이렇듯 이익 기댓값이 전부는 아니다. 그리고 이것을 '상트페테르부르크의 역설'이라 부른다. 하지만 자세히 들여다보면 그렇게 역설적이지는 않다.

이익 기댓값은 이 게임에서 무한정 많은 돈을 딸 수 있는 것이 실제로 가능할 때에만 무한대가 된다고 누군가 이의를 제기할 수 있다. 하지만 이 세상의 돈은 무한대가 아니기 때문에, 그리고 무한대로 많은 이익금을 지불할 수 있는 카지노는 없기 때문에 이는 수학적으로 봤을 때 다르다.

무엇보다 돈의 유용성은 우리가 이미 얼마만큼의 돈을 가지고 있느냐에 달려 있다는 점을 고려해야 한다. 파산 상태인 것과 100만 유로를 가지고 있는 것은 엄청난 차이가 있다. 100만 유로를 가진 것과 200만 유로를 가진 것은 그다지 결정적인 차이가 아니다. 그리고 억만장자는 어쩌면 며칠 전에 100만 유로가 없어졌는지 아니면 더 생겼는지 눈치조차 못 챌 수도 있다. 따라서 우리는 우리가 이런 게임에서 얼마만큼의 돈을 딸 수 있는지 계산할 것이 아니라 그 게임이 우리에게 어떤 유익을 가져다주는지 생각해봐야 한다.

이것은 돈에만 해당되는 얘기가 아니라 다른 모든 사안에서도 마찬가지다. 누군가 나에게 초콜릿을 선물하면 기분이 좋다. 하지만 내 책상 위에 이미 초콜릿 열 개가 놓여 있으면 열한 번째 초콜릿은 첫 번째 초콜릿을 받았을 때만큼 기분 좋지는 않다. 그리고 내 서랍이 온통 달콤한 간식으로 꽉꽉 차 있는데 누군가 수레에 초콜릿을 가득 싣고 와서 집 앞에 쏟아놓고 가버리면 기쁘기보다는 짜증이 날지도 모른다. 어쩌면 누군가 내 초콜릿을 조금 가져가준다면 돈을 지불할 용의까지 있을지도 모른다. 양이 증가하면서 효용성은 감소하고 심지어 부정적으로 바뀔 수 있다. 이것은 그리 놀라운 일은 아니지만 이것이 돈에도 똑같이 작용한다는 사실을 간과하기 쉽다.

추가로 벌어들인 돈의 효용성은 사람에 따라 다르다. 어떤 사람에게는 개인 제트기를 소유하는 것이 감정적으로 중요할 수 있다. 반면에 어떤 사람에게는 집과 좋은 음식만 있다면 추가로 더 벌어들이는 돈의 효용성은 현저히 감소할 수도 있다. 이런 효용성을 수학적 공식으로 설명할 수 있다면 상트페테르부르크의 역설을 풀 수 있다. 그러면 이익 기댓값 대신에 효용성 기댓값을 정할 수 있고, 동전 던지기에 참여하기 위해 얼마만큼의 돈을 지불하는 것이 합리적인지 계산해낼 수 있다.

돈의 효용성을 조사하는 것은 어렵지만 우리가 이미 많은 돈을 가지고 있다면 추가로 얻게 되는 돈의 효용성은 감소한다. 우리가 직업이나 진로에 대한 계획을 세우거나 초고소득자의 세율을 정할 때 이런 점을 염두에 두어야 한다.

합리적인 로또 게임

로또 게임에서는 이익 기댓값을 알아내기 위해 굳이 복잡한 계산을 할 필요가 없다. 그냥 로또 주관사에 총수익 중에서 당첨금으로 지급되는 비율이 얼마인지 물어보면 된다. 오스트리아와 독일에서는 지급 비율이 약 50퍼센트다. 수익의 절반이 당첨자들에게 지급되고 따라서 이익 기댓값은 일반적으로 로또 용지를 구입한 비용의 절반이 된다. 판마다 베팅한 돈의 37분의 1의 손실만 예상되는 룰렛 게임과 비교했을 때 이것은 그다지 좋은 시작 조건은 아니다. 그러나 룰렛 게임의 경우에는 보통 그날 저녁에 여러 차례 게임을 하게 되고 그렇기 때문에 돈을 잃게 될 가능성이 더 자주 발생한다.

로또에 당첨될 가능성을 높일 수는 없다. 모든 예상 숫자의 당첨 기회는 동일하고 따라서 많은 사람들은 모든 예상 숫자가 다 똑같이 좋다고 생각한다. 하지만 그렇지 않다. 영리하거나 조금 덜 영리한 방법으로 로또 게임을 할 수 있다.

1999년 4월 10일에 독일 로또 추첨식에서 숫자 2, 3, 4, 5, 6 그리고 26번이 당첨됐다. 따라서 그냥 1에서 6까지의 숫자에 표시를 한 사람은 숫자 다섯 개를 맞힌 것이었다. 이렇게 해서 다섯 개의 숫자를 맞힌 사람은 모두 3만 8,000명이나 됐다. 그래서 한 사람이 지급받은 당첨금이 200유로도 채 되지 않았다. 단순하고 규칙적인 숫자의 순서를 선택해서 당첨될 경우 상당히 많은 사람들과 당첨금을 나눠 가져야 한다. 로또 용지에 대각선 등의 기하학적인 모양으로 숫자를 선택하는 사람이 많기 때문에 되도록이면 이런 식으로 숫자를 선택하지 않는 것이 좋다. 그 밖에 생년월일에 따라 숫자를 선택하는 경우가 많다. 따라서 31 이상의 숫자를 선택한 사람은 만약 당첨이 될 경우 모든 당첨금을 독차지할 수 있는 가능성을 높이게 된다. 거액의 당첨금이 쌓인 로또 추첨을 기다리는 것도 의미가 있다. 로또에 한 번 참여하는 비용은 동일하지만 당청금은 올라간다.[19]

어떤 사람들은 매번 같은 숫자들을 선택한다. 원칙적으로 이에 반대할 이유는 없다. 그런데 어느 날 로또에 참여하지 않았는데 바로 그 숫자들이 당첨되면 어떤 일이 벌어질까? 하필 그날 로또 용지를 채우는 것이 귀찮아서 엄청난 행운의 기회를 날려버렸다고 평생 자책하며 살아야 할까?

그렇지 않다. 이 경우 약간의 물리학이 도움이 될 수 있다. 로또 추첨은 카오스 시스템의 대표적인 예다. 초기조건의 아주 미세한 변화만으로도 추첨할 때 로또 공의 움직임을 극적으로 바꿔놓을 수 있다. 우리가 로또에 참여하기로 했다면 우리는 로또 판매소의 문이 열릴 때 이미 수많은 공기 분자들을 공중에 흩날렸을 것이고, 숫자를 표시할 때 진동을 발생시켰을 것이며, 돈을 지불할 때 동전들이 부딪치며 온도를 미세하게 상승시켰을 것이다. 이번에 로또에 참여해서 로또 용지에 숫자를 기입하겠다는 결심은 헤아릴 수 없이 다양한 방식으로 세상에 영향을 미쳤을 것이다. 그리고 이런 모든 미세한 영향들은 로또 추첨기에서 완전히 다른 공들이 굴러 나오게 만들었을 것이다. 만약 우리가 로또에 참여했다면 결과가 완전히 다르게 나왔을 가능성이 상당히 높다. 누군가 이번에는 로또에 참여하지 않겠다고 결심했기 때문에 우연히 바로 그 숫자들이 당첨될 수 있었던 것이다. 따라서 억울해하거나 화를 낼 이유가 전혀 없다.[20]

하지만 사실 이렇게 꼬치꼬치 따져보는 것은 쓸모없는 노닥거림에 지나지 않는다. 우리의 행동이 로또 공에 영향을 미치는지 여부는 의미가 없다. 어차피 우리가 의식적으로 조정하고 개입할 수 있는 가능성이 없기 때문이다. 그리고 당첨됐을 때 조금 더 높거나 조금 더 낮은 당첨금을 받을 수 있는 숫자를 선택했다고 해도 아무런 의미가 없다. 우리는 어차피 로또에 당첨되는 상황에 놓일 가능성이 거의 없기 때문이다. 로또에 당첨될 확률은 0에 가깝다.

그럼에도 불구하고 로또 게임을 하는 것이 의미가 있다는 상당히 합리적인 결정에 도달할 수 있다. 로또 추첨식을 지켜보면 아드레날린이 솟구치고, 조마조마해서 배가 간질거리며 흥분되고, 자신이 선택한 공의 숫자가 나오기를 바라는 것을 즐긴다면 비록 당첨이 되지 않아도 로또 게임에 참여하는 것 자체가 나름의 의미가 있다.

자신의 미래 재정 전망을 개선하기 위해 로또를 구입하는 것은 멍청한 짓이다. 그러나 로또에 당첨되면 그 돈으로 무엇을 할까 생각하며 며칠 동안이라도 행복한 꿈에 빠져 지내는 것은 나름의 의미가 될 수 있다. 슈뢰딩거의 고양이가 동시에 살아 있으며 죽어 있는 것과 마찬가지로 우리는 로또 용지를 손에 쥐고 있는 슈뢰딩거의 로또 백만장자인 것이다. 그리고 그 로또 용지의 가치는 우연에 의한 측정으로 비로소 정해진다. 여기에 이의를 제기할 여지는 없다.

하지만 행운 게임이 아주 위험할 수도 있다는 사실을 잊어서는 안 된다. 손에 칵테일 잔을 들고 자신의 게임용 칩을 룰렛 테이블 위에 올려놓는 잘 차려입은 멋쟁이들만 있는 것이 아니다.

자신이 잃은 돈을 혹시라도 되찾을 수 있지 않을까 하는 실낱같은 희망을 가지고 마지막 남은 동전을 게임기에 집어넣는 절망에 사로잡힌 외로운 도박 중독자도 있다. 그러고는 집으로 돌아가 가족들에게 또다시 모든 돈을 잃었다고 설명해야 한다. 로또는 다행히 그렇게 쉽게 파멸에 이르게 하지는 않지만 로또의 경우에도 들어가는 비용을 가능한 한 최소화해야 한다.

정말 스릴을 즐기고 백만장자가 되는 상상을 즐긴다면 로또를 한 장 이상 구입하는 것은 의미가 없다. 영화관에 가는 사람이 영화표를 한 장 이상 구입하지 않는 것과 마찬가지다. 여러 개의 숫자 조합을 표시하면 당첨될 확률은 높아지지만 그 확률은 여전히 극히 낮으며, 두 배의 비용을 들였다고 해서 스릴이 두 배로 증가하거나 머릿속의 기분 좋은 상상이 두 배가 되는 것은 아니다.

로또를 구입하는 비용을 들이지 않고 백만장자가 되면 어떨까 하는 기분 좋은 상상을 할 수 있으면 물론 더 좋다. 그러면 이 게임의 본질적인 이익을 공짜로 얻게 되는 셈이다. 그리고 이렇게 절약되는 돈으로 어쩌면 더 아름답고 더 흥미진진하게 꿈을 꿀 수 있는 다른 활동에 투자할 수 있을 것이다. 예를 들면 좋은 책을 구입하는 데 말이다.

알 수 있는 것과 알 수 없는 것

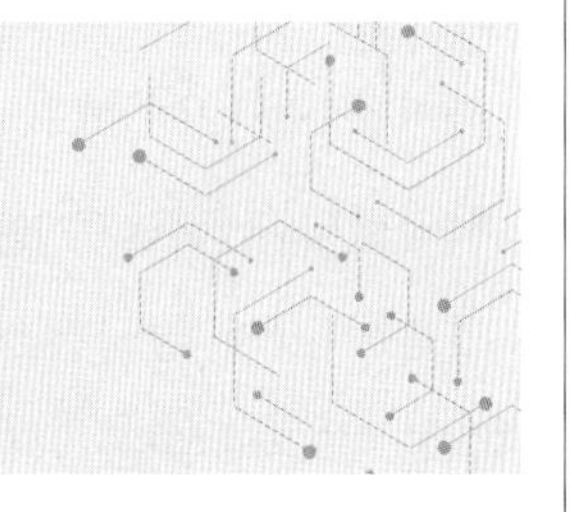

생명을 위협하는 분만실, 플라세보 효과 그리고 루르드의 성모:
건강은 운에 달린 문제인 경우가 많다. 진짜 의학은 우연이 끝나는 곳에서 시작된다.

빈 종합병원에서 애처로운 광경이 펼쳐졌다. 임신 막달에 접어든 여성들이 무릎을 꿇고 병원 분만실에서 제발 나갈 수 있게 해달라고 애걸복걸했다. 이미 아이를 출산한 다른 여성 환자들은 고열에 시달렸다. 그들은 맥박이 거의 잡히지 않는 상황에서도 죽음에 이르는 의료 처치에서 벗어나기 위해 가느다란 목소리로 아주 건강하다고 주장했다. 이 여성 환자들은 모두 당시 의학계에서 세워놓은 원칙에 따라 치료를 받고 있었다. 19세기 중반에 빈에 있는 왕립 종합병원에서 있었던 일이다.

당시 병원에는 분만실이 두 군데 있었다. 제1분만실에서는 젊은 의사들과 의과대 학생들이 실습 교육을 받았는데 그곳은 이상하게도 산모의 사망률이 아주 높았다. 사망률은 5~15퍼센트 사이를 오락가락했고 가장 심할 때는 산모 중 4분의 1 이상이 사망했다. 산모들은 열에 시달리고 심한 통증을 느꼈으며 배에 염증이 생겨 결국은 패혈증으로 사망했다. 병명은 '산욕열'이었다. 당시 아무도 그 원인을 알지 못했다. 그리고 왜 하필 가장 유명한 종합병원의 제1분만실에서 자주 발생하는지도 알 수 없었다. 사망하는 산모가 너무 많아서 단순히 우연이라고 설명할 수는 없었다. 심지어 병원 분만실에서 아이를 낳지 못하고 그냥 밖의 골목길에서 아이를 낳은 빈의 불쌍한 하층민 여성들조차도 빈 종합병원 분만실에서 클라인 박사의 보호하에 분만한 산모들보다 오히려 생존율이 높았다.

당연히 여러 가지 추측이 난무했다. 환자들 간의 직접적인 감염은 아닌 듯 보였지만 우주, 공기 또는 지구로부터의 알 수 없는 영향 때문일 수도 있다고 생각했다. 헝가리 출신의 젊은 레지던트였던 이그나즈 제멜바이스(Ignaz Semmelweis)는 이런 추측들이 말이 안 된다고 생각했다. 빈 종합병원의 같은 건물 내에는 또 다른 제2분만실이 있었기 때문이다. 그곳에서는 의대생들이 아니라 조산사 교육생들이 실습 교육을 받고 있었는데 의학적 처치 규칙은 양쪽 분만실 모두 동일했다. 제2분만실은 산욕열 발병 빈도가 현저히 낮았다. 제멜바이스는 두 분만실의 사망 통계를 연구하고 표를 완성한 후 의아한 생각에 사로잡혔다. 두 분만실의 차이는 엄청났다. 우주나 지구의 어떤 신비한 힘이 작용했다면 왜 하필 한쪽 분만실에만 영향을 미치고 바로 옆에 있는 분만실은 아무런 해를 입지 않은 것인가?

그러던 어느 날 법의학실에서 시체 해부를 하다가 심각한 사고가 일어났다. 제멜바이스가 아주 존경하던 야코프 콜레치카(Jakob Kolletschka) 박사의 제자 중 한 명이 실수로 콜레치카의 손가락에 매스로 상처를 입혔다. 손에 염증이 생겼고 콜레치카는 얼마 지나지 않아 사망했다. 시체에 있던 무언가가 상처를 통해 그의 몸속에 들어갔을 것이라고 제멜바이스는 추측했다. 그리고 이것이 그가 결정적인 생각을 하게 되는 계기가 되었다. 제1분만실을 드나드는 의대생들은 정기적으로 시체 해부 수업을 받는 반면에 제2분만실의 조산사 교육생들은 그런 수업을 받지 않았다. 의대생들은 시체를 만지작거리다가 곧바로 분만실로 와서 분만 과정에 참여했다. 아무도 그 사이에 손을 씻어야 한다는 생각을 하지 않았다. 의대생들은 이런 식으로 시체의 위험한 병원균을 산모들에게 직접 전염시켰던 것이다.

그때까지만 해도 제멜바이스는 이 병원균에 대해 잘 알지 못했다. 몇 년이 지난 후에야 로베르트 코흐(Robert Koch)나 루이 파스퇴르(Louis Pasteur) 같은 과학자들이 질병을 일으키는 미생물의 의미를 설명할 수 있었다. 제멜바이스는 그냥 모호하게 의대생들의 손에 묻은 '시체의 일부분' 때문일 것이라 기록했지만 그럼에도 불구하고 관찰을 통해 제대로 된 결론에 이르렀다. 그는 의대생들에게 시체 해부 실습을 한 후 손을 표백분으로 깨끗이 씻어 소독하라고 지시했고, 그러자 아주 짧은 시일 내에 분만실의 사망률이 급격히 감소했다. 사망률은 2~3퍼센트로 낮아져 조산사 교육생들이 실습을 하는 분만실의 사망률과 비슷한 수준이 되었다. 제멜바이스는 계속해서 정확한 숫자를 꼼꼼히 기록했고, 통계에서 얻은 확신으로 분만실에 있는 유명한 교수들에게 소독 규칙을 철저하게 지켜야 한다고 날카롭게 지적할 수 있었다.

제멜바이스가 이렇게 해서 수많은 여성들의 생명을 구했다는 사실에는 의심의 여지가 없다. 이런 대단한 업적을 이뤘으면 곧바로 병원에서 환호를 받는 스타로 등극했을 것 같지만 그의 동료 의사들은 손 씻기가 중요하다는 그의 이론에 전혀 열광적인 반응을 보이지 않았다. 제멜바이스의 새로운 이론을 열린 마음으로 받아들인 얼마 안 되는 의사 중 구스타프 아돌프 미하엘리스(Gustav Adolf Michaelis)라는 의사가 있었다. 그가 근무하는 킬 병원에도 산욕열로 사망하는 산모들이 많았다. 미하엘리스 역시 자신이 근무하는 병원에 표백분으로 손을 씻어야 한다는 규칙을 도입했고 곧바로 사망률이 감소했다. 하지만 미하엘리스는 이를 마냥 기뻐할 수 없었다. 그는 얼마 전 조카의 분만을 도왔는데 그 조카가 그만 산욕열로 사망하고 말았기 때문이다. 그는 씻지 않은 자신의 손 때문에 조카를 죽음에 이르게 했다는 사실을 깨닫고 절망감과 죄책감에 시달리다가 그만 자살하고 말았다.

제멜바이스는 빈 병원에서 근무 계약을 연장하지 못하고 헝가리로 돌아갔고 페스트 대학교의 분만병동 과장이 되었다. 오늘날 이 대학은 그의 이름을 따서 학교명을 바꿨고, 이그나즈 제멜바이스는 의학 역사에서 중요한 자리를 차지하고 있다.

통계는 생명을 살린다

치명적인 질병의 원인을 알아낸 것은 정말 영광스럽고 대단한 일이었지만 제멜바이스의 결정적인 업적은 사실 다른 데 있었다. 그는 통계로 사람의 생명을 구할 수 있다는 사실을 알아차렸다. 제멜바이스는 그냥 느낌이나 의사로서의 경험만 가지고 주장을 펼치는 데 만족하지 않았다. 그는 깔끔하게 정리한 통계 숫자를 통해 자신의 방법이 효과적이라는 것을 보여줄 수 있었다. 어떤 의료적 조치의 효과를 확인하기 위해 굳이 작용 방법을 정확하게 이해할 필요는 없다. 손 소독의 성공적인 효과는 통계적으로 봤을 때 너무나 명확해서 제멜바이스는 이런 효과를 설명해야 할 필요성을 느끼지 않았다.

의학에서 이런 상황을 자주 볼 수 있다. 우리 태양계에서 행성의 움직임을 장기적으로 예측하기 어렵고, 날씨나 로또 공의 움직임도 예측할 수 없는데 인간의 몸을 완벽하게 이해하지 못하는 것이 그리 놀라운 일은 아니다. 우리 모두는 각각 상상할 수 없을 정도로 복잡한 살아 있는 기계이며, 우리 몸에 비하면 화성 탐사선은 지극히 단순하다. 내가 자전거를 타다가 넘어져 팔에 상처가 생겨 피가 난다고 해도 내 몸은 조금의 운만 있으면 저절로 낫는다. 발가락이 부러져도 몇 주가 지나면 아무 일이 없었던 것처럼 다시 걸어 다닐 수 있다. 값비싼 정밀시계나 초음속 비행기를 가지고 비슷한 실험을 해보자!

우리 몸은 상당히 튼튼하고 이것은 큰 행운이다. 심지어 의료 처치상의 실수도 대부분 별다른 후유증 없이 잘 이겨낼 수 있다. 많은 질병들은 치료 여부와 상관없이 저절로 낫고 지나간다. 하지만 바로 이런 점 때문에 의학은 물리학이나 화학과 같은 기초과학 분야와는 달리 원인과 결과, 치료 방법과 성공적인 치료의 관련성을 입증하는 것이 훨씬 더 어렵다.

건강과 질병, 회복과 악화, 삶과 죽음 사이는 주로 우연이 결정한다. 우리가 아무것도 모르는 상태에서 그냥 단순히 우연에 의해 영향을 받게 되는 경우가 있다. 우리는 우연히 살모넬라균에 감염된 닭고기 수프를 먹고 병이 난다. 만약 수프에 대해 조금 더 자세히 알고 있었다면 이를 근본적으로 예상할 수 있었을 것이다. 또 다른 우연한 일들은 우리의 몸이 무언가를 예측하기에는 너무 복잡하기 때문에 발생한다. 비슷한 증세를 가진 다른 사람들이 좋은 효과를 본 약을 복용했는데 우리에게는 이상하고 예측할 수 없는 연쇄반응을 일으켜 안 좋은 부작용이 생기기도 한다. 또한 의학에는 아주 근본적인 물리학적 우연이 있다. 우리 세포 속의 DNA가 고에너지 전자기파 방사선을 흡수하고 양자우연성이 이로 인해 질병의 발병 여부를 결정할 때 그렇다.

주사위를 던졌을 때 6이 나온 이유를 설명할 수 없는 것과 마찬가지로 어떤 질병의 원인을 설명할 수 없는 경우가 많다. 하지만 두 개의 주사위를 계속해서 던져보고 그 결과를 꼼꼼히 기록함으로써 비교해볼 수 있다. 이렇게 해보면 그중 하나의 주사위 모양이 불규칙적이라 좋은 숫자가 훨씬 더 자주 나오는 것을 확인할 수 있다. 그렇다고 해도 여전히 다음에 주사위를 던질 때 어떤 숫자가 나올지 미리 알아맞힐 수는 없지만, 다음에 주사위 놀이를 할 때 어떤 주사위를 사용하는 것이 더 유리한지는 알게 된다. 제멜바이스의 업적은 바로 이것이다. 분만실에서 어떤 산모가 병에 걸릴지는 여전히 우연이 결정한다. 하지만 제대로 된 처치 방법을 알고 있으면 훨씬 더 많은 성공을 거둘 수 있다. 따라서 제멜바이스는 현대 근거 중심 의학의 선구자라고 볼 수 있다.

이로부터 약 100년 후 스코틀랜드의 의사인 아치 코크런

(Archie Cochrane)은 2차 세계대전 중에 포로수용소에서 근무했다. 포로수용소에는 결핵이 널리 퍼져 있었지만 코크런은 어떤 치료 방법으로 당장 위급한 사람들을 구해야 할지 알지 못했다. 그에게는 유효한 과학적 자료가 부족했다. 그래서 그는 전쟁이 끝난 후 의학에 과학적인 방법을 도입하기 위해 앞장섰다. 그는 오늘날 의학 연구에서 여전히 지켜야 하는 많은 과학적 규칙의 토대를 처음 만든 사람이었다. 코크런 연합은 그의 이름을 따서 설립되었다. 이 연합은 연구자들과 의사들의 조직으로서 최신 연구를 기반으로 여러 가지 의학적 치료에 대해 연구한다. 이렇게 해야만 어떤 치료 방법이 정말 효과가 있는지 아니면 어떤 경우에는 환자들이 그냥 우연히 건강해졌는지 확인할 수 있다. 이런 연구를 통해 얼마나 많은 사람들의 목숨을 구할 수 있었는지는 아무도 말할 수 없다. 그러나 이런 건강 통계 자료가 엄청나게 소중한 자료라는 사실에는 이견의 여지가 없다.

이미 널리 자리 잡은 치료 방법이 효과 없는 것으로 판명 난 경우도 많았고 심지어 해로운 것으로 드러나기도 했다. 가령 수백 년간 환자들을 불필요하게 괴롭혔던 사혈의 경우가 그렇다. 어떤 환자들은 그럼에도 불구하고 건강해지기도 했다. 그러면 사람들은 사혈이 효과가 있다는 것을 더욱 믿게 되었다. 그리고 어떤 환자가 사망하게 되면 피를 충분히 뽑아내지 않아서 그렇다고 주장할 수 있었다. 19세기에 들어서 제멜바이스가 손 씻기의 중요성을 인식하게 된 무렵에야 사혈을 과학적으로 조사해 보기 시작했고, 그 결과 수치를 통해 사혈이 도움이 되기보다는 오히려 위험하다는 사실이 밝혀졌다.

믿음이 도움이 된다: 플라세보 효과

자신의 건강에 관한 일이라면 우리는 거의 필연적으로 자기기만에 빠지게 된다. 만약 우리가 어떤 통증에 시달리는데 때로는 좀 괜찮았다가 때로는 견딜 수 없을 만큼 심하다면, 우리는 주로 어떤 때 조치를 취하게 될까? 아마도 특히 통증이 심할 때 병원에 가거나 양자치유 자격증을 가진 대안 치료사를 찾아갈 것이다. 있다가 없다가 하는 통증에 시달리는 경우에는 통증이 나타났다가 저절로 다시 사라질 가능성이 상당히 높다. 과학적으로 입증된 통증 치료를 받았는지, 기적의 치유 효과가 있다는 마법의 크리스털을 목에 걸었는지, 아니면 집에서 금방 세탁한 양말을 정리했는지와 상관없이 말이다. 이런 현상을 '평균으로의 회귀'라고 한다. 극단적인 조건 다음에는 곧 조금 덜 극단적인 평균에 가까워지는 경향이 있다. 심한 허리케인 한가운데서 마술봉을 꺼내 바람에게 물러나라고 지시하는 사람은 늦어도 며칠 후에 자신이 성공했다고 주장할 수 있다. 환자가 가장 심한 통증을 느끼는 단계에서 영험한 효과가 있는 돌을 문지르며 기 치료를 한 사람은 곧 아주 훌륭한 치료사로 칭송받을 가능성이 높다.

게다가 우리는 보통 치료를 받고 나면 한결 좋아졌다고 느낀다. 치료로 인해 질병에 대한 생각이 바뀌기 때문이다. 플라세보 효과는 아주 인상적인 힘을 가지고 있다. 우리는 알약을 삼키고 나서 곧 한결 좋아졌다고 느낀다. 비록 그 알약이 아무런 치료 물질도 들어 있지 않은 설탕 덩어리라고 해도 말이다. 치료하는 의식(儀式)은 우리 내면의 생각에 엄청난 효과를 발휘하고 우리의 건강에도 영향을 미친다.

영국의 의사이자 작가인 벤 골드에이커(Ben Goldacre)가 정리한 자료는 이를 아주 잘 보여준다. 설탕 알약 두 개는 한 개보다 더 효과가 좋고, 비싼 플라세보 알약이 저렴한 플라세보 알약보다 더 효과적이며, 작용 물질이 들어 있지 않은 주사가 플라세보 알약보다 더 효과가 좋다. 주사를 맞는 것이 더 집중적인 치료를 받았다는 느낌을 주기 때문이다. 심지어 플라세보 수술도 이미 성공적으로 이루어지고 있다고 한다. 무릎에 작은 구멍을 뚫어 의료기기를 넣는다. 그런 다음에 어떤 처치도 없이 의료기기를 다시 제거하고 구멍을 봉합한다. 그러고 나면 환자들은 무릎이 한결 좋아졌다고 느낀다.

어떤 치료 방법을 시험할 때에는 단지 플라세보 효과 때문에 좋아졌다고 느끼는 것은 아닌지 확인해야 한다. 따라서 실험할 대상들을 두 그룹으로 나눠서 한쪽 그룹에는 진짜 약을 주고 다른 그룹에는 플라세보 약을 준다. 환자들은 자신이 어떤 그룹에 속하는지 모르며 의사도 마찬가지로 어떤 환자가 어떤 약을 받았는지 가장 나중에 알게 되는 것이 좋다. 진짜 약을 복용한 그룹에 속했던 환자들이 플라세보 그룹에 속했던 환자들보다 상태가 호전되었을 경우에만 약이 진짜 효과가 있었다고 볼 수 있다.

이것은 아주 간단하고 명백하게 들리지만 여전히 속임수와 조작이 개입될 가능성이 많이 남아 있다. 수년 동안 막대한 돈을 투입해서 약품 개발에 매달렸다면 임상실험에서 무슨 일이 있어도 약품의 효과가 좋게 나오길 바랄 것이고, 따라서 조금 손을 쓰고 싶은 생각이 들 수 있다. 실험 참가자들에게 알록달록한 형태의 알약과 지극히 단순하게 생긴 플라세보 알약을 제공해서 비교한다면 어떻게 될까?

어떤 환자들을 어떤 그룹으로 분류할 것인가도 중요한 역할을 한다. 가망이 없는 환자들을 플라세보 그룹에 배치하고 어차피 거의 회복된 환자들을 진짜 약을 복용하는 그룹에 배치하면 당연히 실험 결과를 조작할 수 있다. 따라서 이런 연구는 보통 랜덤으로 실시해야 한다. 즉, 환자들을 무작위로 두 그룹으로 나눠야 한다. 하지만 바로 이때 쉽게 오류가 발생할 수 있다.

우리 인간 자체가 원래 상당히 형편없는 우연 발생기다. 의사가 환자들을 무작위로 나눈다고 해도 실험이 반드시 성공하기를 바라는 갈급한 마음을 가지고 있다면 우연은 곧 끝이 나게 된다. 실험 책임자는 환자들이 우연히 그의 사무실에 들어오는 순서대로 번갈아가며 두 그룹으로 나눌 수 있다. 하지만 이것 역시 별로 소용이 없다. 그가 어떤 환자가 자신의 연구에 적합한지 여부를 결정할 때 그 환자를 어떤 그룹에 배치하는 것이 유리한지에 대한 지식이 영향을 미칠 수 있다. 병색이 짙어서 걸음걸이가 불안정하고 숨을 거칠게 몰아쉬는 노신사를 정말 실험에 참여시켜야 할까? 이 노신사를 실험 대상에 포함시켰을 때 실험의 성공률을 감소시킬 위험이 너무 크지 않은가? 노신사가 플라세보 그룹에 들어간다면 실험 대상으로 기꺼이 받아들일 것이다. 하지만 만약 그가 진짜 약을 복용하는 그룹에 속하게 된다면 의사는 그의 진료 기록을 한 번 더 찬찬히 들여다보게 될 것이다. 그러면서 그를 실험에서 배제할 수 있는 합리적인 근거를 반드시 찾아낼 것이다.

과학과 느낌

우리 인간은 자기 자신조차도 너무 쉽게 속이기 때문에 과학적인 방법이 필요하다. 우연의 수학과 통계는 우리가 잘못된 결론을 내리지 않도록 보호해줄 수 있다. 코크런 연합과 같은 조직은 의학 연구들을 모아서 분석하고, 의학 연구의 신뢰성을 평가하고, 특정한 건강 문제에 대한 전 세계적인 현황을 취합해서 의사와 환자들에게 권고 사항을 전달함으로써 큰 역할을 한다.

그럼에도 불구하고 여전히 많은 사람들이 의미 없는 치료에 매달린다. 이런 치료는 알파벳 모양의 국수로 만든 수프가 노벨 문학상과 아무런 관련이 없듯이 효과적인 의약품과 너무나 동떨어져 있다. 우리는 이상한 민간요법을 맹신하고, 통신판매 회사에서 판매하는 알록달록한 건강보조제를 먹어보거나 어떤 건강 문제인지와 상관없이 지난해 직장 동료가 효과를 봤다는 치료 방법을 고집한다.

물론 감정적으로는 그러는 이유를 충분히 이해할 수 있다. 통계적으로 흠이 없는 임상연구 보고서를 찾아 읽고 현재 과학의 현황을 분석하는 것보다는 할머니에게 전화를 걸어 기적의 약초 찜질 방법을 물어보는 것이 훨씬 쉽다. 그럴수록 과학적으로 입증된 사실에 따라 판단을 내리는, 양질의 교육을 받은 의료진들이 더더욱 중요하다. 훌륭한 의사가 되기 위해서는 어느 정도의 직관과 느낌도 필요하지만 건강 문제에서는 절대 직관과 느낌에 의존해서는 안 된다. 느낌과 직관에 의존하면 지난번에 그냥 우연히 도움이 되었던 방법이 치료 효과가 있다고 잘못 판단할 위험이 너무나 크다.

그런데 훨씬 더 문제가 되는 것은 건강 분야에서 과학적 사고 자체를 거부하는 사람들이다. 그들은 치유 효과가 있다는 알록달록한 광석을 구입하고, 마법의 추로 크라운 차크라에 마법의 에너지를 채워 넣는 치료를 받거나 자칭 양자치료사라는 사람에게 자신을 맡겨 몸에 손을 대는 것만으로도 몸의 진동을 바로 잡아준다고 믿는다. 다른 모든 의학적인 치료와 마찬가지로 이런 신비주의적 방법들도 플라세보와 비교해서 그 효과를 검증해볼 수 있다. 그 결과는 물론 언제나 똑같다. 진짜 효과가 있다는 것이 증명되지 않는다. 최악의 경우 효과가 없는 신비한 방법들은 환자들이 검증된 의학의 도움을 받지 못하게 가로막는다. 기적의 치료사를 찾아감으로써 생명을 구할 수 있는 치료를 거부하는 사람은 결국 비과학적인 것을 맹신하다가 사망하게 되는 것이다. 오늘날에도 여전히 이런 사망 원인이 존재한다는 것은 상당히 수치스러운 일이다. 페스트나 콜레라처럼 이런 비과학적인 치료 방법들은 이제 물리칠 때가 됐다.

물론 그렇다고 해서 모든 것을 엄격한 과학적 잣대를 들이대고 바라봐야 한다는 의미는 아니다. 인생의 많은 문제들은 취향의 문제인 경우가 많고, 통계적으로 잘 정리된 데이터로 대답을 찾을 수 없는 문제들이 많으며, 어쩌면 그것이 좋을 수도 있다. 한동안 힘들게 열심히 일을 한 후 머리를 식히고 새로운 생각들로 채우고 싶어서 배낭을 메고 반년 동안 라틴아메리카를 여행하는 사람이라면 이것이 과학적으로 입증된 스트레스 해소 방법인지 여부에 개의치 않을 것이다. 그렇게 하는 것이 기분이 좋다면 그것으로 충분하다. 향 피우기와 불교식 명상 울림주발 치료가 긴장감을 해소하는 데 많은 도움이 된다고 느끼는 사람이라면 계속 그렇게 하면 되고 굳이 과학적 근거를 따져 물을 필요는 없다.

종교적이든 비종교적이든 간에 많은 전통과 의식들이 이 범주에 속한다. 이것들은 애초에 과학과의 관련성을 전혀 의도하지 않는다. 무엇이 편한지 불편한지는 순전히 취향의 문제이기 때문에 과학적인 검증은 오히려 무의미하다. 그러나 사소하고 구속력이 없는 편안함을 가져다주는 아이디어에서 대단한 과학적 진실을 끄집어내려고 하면 문제가 되기 시작한다.

만약 수맥을 찾는 나뭇가지로 음식물 알레르기를 알아낼 수 있다고 주장하는 사람이 있다면 그것은 개인적인 의견의 문제가 아니라 그냥 잘못된 것이다. 누군가 신의 축복을 받아서 전염병으로부터 보호받고 있다고 생각한다면 그는 자기 자신뿐만 아니라 다른 사람들까지도 위험에 빠트리는 것이다. 자신의 암세포를 고대 게르만족의 약초 연고로 물리칠 수 있다고 생각하는 사람은 미신과 검증된 진실의 차이를 이해하지 못하는 사람이다.

성모는 우연히 치유할 뿐이다

매년 수백만 명의 사람들이 세계에서 가장 유명한 성지순례 장소인 루르드로 모여든다. 이것이 잘못됐다는 것은 아니다. 여행은 언제나 좋은 것이고 루르드는 정말 아름다운 프랑스 피레네 산맥에 위치해 있기 때문이다. 그러나 이렇게 엄청나게 많은 여행객들이 루르드로 몰려드는 이유는 바로 그곳에 있는 성모마리아가 19세기 때부터 수많은 기적을 행하고 있다는 믿음 때문이다. 기억력 감퇴에서 암에 이르기까지 여러 질병을 앓는 순례자들이 루르드의 동굴로 찾아와 그곳에 있는 샘에서 나오는 기적의 물로 병이 치유되기를 기대한다. 그리고 바로 이 지점에서 신화는 사실 주장이 되어버리고, 주관적인 감정이 과학적으로 반박할 수 있는 주장이 되며, 동화와 같은 신비한 이야기가 명백한 장삿속이 되어버린다. 루르드의 샘물로 질병을 치료할 수 있다고 주장하는 사람이라면 이런 주장을 과학적으로 검증하기 위해 자세한 연구를 실시해서 그 주장의 신빙성이 무너지는 것에 이의를 제기하면 안 된다.

성모마리아의 치유 성공률을 통계적으로 조사해볼 수 있다. 어떤 질병들은 그냥 저절로 낫는다는 것을 우리는 알고 있다. 암의 경우 이를 '자연적으로 소멸했다'고 말한다. 어떤 환자들은 아주 우연히 어떤 특별한 이유도 없이 종양이 작아지거나 완전히 사라지는 행운을 누리기도 한다. 이런 일의 발생 빈도에 대해서는 여전히 논란이 많지만 전문가들은 자연적 소멸이 10만 분의 1의 확률로 발생한다고 보고 있으며, 어떤 연구는 우연한 치료의 확률을 훨씬 더 높게 보기도 한다.

매년 수백만 명의 사람들이 루르드를 찾아가고 그중 최소 5퍼센트가 암 투병 때문에 순례 여행을 가는 것이라고 가정하면 최소한 1, 2년에 한 번씩은 루르드 순례자들 중에서 암이 자연 치유 되는 사례를 관찰할 수 있을 것이다.

이 숫자를 교회에서 공식적으로 인정하는 루르드의 기적을 체험한 사람들의 목록과 비교해볼 수 있다. 얼마나 많은 사람들이 루르드로 순례를 오는지 고려하면 그에 비해 치유되었다는 사람들의 목록은 놀라울 정도로 짧다. 게다가 공식적으로 인정된 기적은 의학적 진단이 아직 발달하지 않았던 성지의 초창기에 주로 이루어진 것이다. 가벼운 폐 질환을 당시로선 생명을 위협하는 병이었던 결핵으로 오진했을 가능성이 있다. 따라서 시간이 지남에 따라 샘물의 신비로운 효과는 감소했다. 20세기 중반 이후에는 2년에 한 번 이상의 치유 기적을 발견할 수 없다. 루르드에서 암이 치유되었다는 사람들의 숫자는 이보다 훨씬 더 적다.

천문학자이자 물리학자인 칼 세이건(Carl Sagan) 역시 비슷한 수치를 계산해냈으며, 일반 국민들보다 루르드 순례자들의 질병의 자연적 소멸 비율이 오히려 더 낮다는 사실에 실소를 금치 못했다. 순전히 우연히 치유되기를 기대할 수 있는 것보다 그곳에서 기적적으로 치유되는 사례가 더 적다. 따라서 통계적으로 보면 암을 치유하고 싶으면 루르드로 떠나는 순례 여행은 포기하는 것이 더 좋다.

또한 그러한 순례 여행에서 감염될지도 모르는 온갖 나쁜 질병들에 대한 신뢰할 만한 비용 효율 분석을 같이 고려해야 한다. 다른 순례자들이 샘물에 어떤 병원체를 남기고 갔을지 어떻게 알겠는가. 그리고 루르드로 가는 도중에 심한 교통사고가 날 확률은 기적적으로 치유될 확률보다 통계적으로 더 높을 것이다.

어떤 일정한 장소에 아픈 사람들이 충분히 많이 모이면 그들 중 몇 명은 불가해한 방법으로 치유되기도 한다. 이것은 놀라운 일이 아니라 통계적인 필연성이다. 충분히 많은 사람들이 로또 게임에 참여하면 그중 누군가는 로또 당첨 숫자를 맞히는 것처럼 말이다. 성모마리아 순례지에서 단지 몇 차례 놀라운 치유의 기적이 일어났다고 해서 그곳은 세간의 주목을 받는 곳이 되었다. 반면에 병원의 암 병동에서 불가해한 이유로 암이 치유된 것은 별로 놀라워하지 않는다. 이렇게 저절로 치유된 사람들은 병원에서 설명 가능한 과학적인 방법으로 치료가 된 사람들 속에 묻혀버리기 때문이다. 이것은 공정하지 않다. 치유는 언제나 대단한 것이다. 어떻게 치유가 되었는지 분자생물학적 차원에서 설명할 수 있다고 해서 덜 대단한 것이 아니다.

누군가 순전히 우연히 우리가 이해할 수 없는 이유로 건강을 회복하면 사람들은 신비함을 느끼면서 기념 현판을 세우거나 절이나 예배당을 만든다. 반면에 누군가 몇 세대에 걸쳐 똑똑한 사람들이 과학을 기반으로 열심히 연구한 치료 방법을 통해 건강을 회복하면 우리는 그것을 당연하고 익숙하게 그리고 조금은 단조롭게 여긴다. 어쩌면 과학이 기적을 신봉하는 사람들의 광고 전략으로부터 조금 배워야 하는 부분이 있는지도 모르겠다. 방사선 치료의 기적적인 효과를 본 곳을 기리는 순례 장소는 왜 없는 것일까? 정형외과를 숭배하는 성당은 왜 없는 것일까? 우리는 왜 1년에 한 번이라도 항생제 대축일(大祝日)을 기념하지 않는 것일까?

우연과 마술은 어떻게 다른가

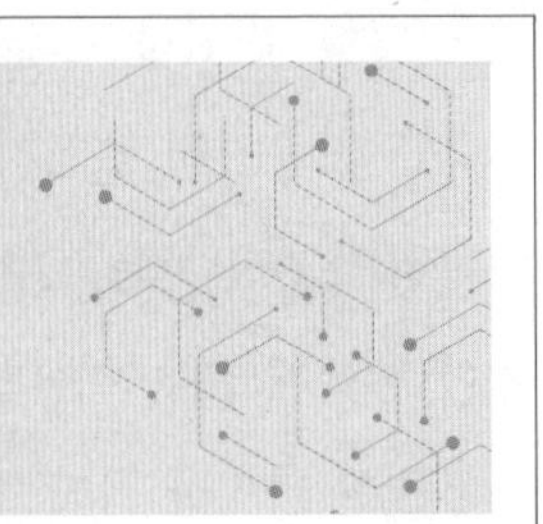

점쟁이 문어, 수맥을 찾는 지팡이 그리고 대학의 염력:
순전히 우연으로만 설명할 수 있는 것을 마술과 혼동해서는 안 된다.

파울은 특이한 직업을 갖고 있었다. 그는 오버하우젠에 있는 수족관에 살고 있었고 점쟁이 문어로 활동했다. 문어는 영리한 동물이라 다리 여덟 개를 이용해서 별 어려움 없이 맛있는 먹이가 들어 있는 상자의 뚜껑을 열 수 있다. 2010년 축구 월드컵에서 독일 팀의 경기가 열리기 전마다 파울은 그런 먹이 상자 두 개를 제공받았다. 한 상자에는 독일 국기가 부착되어 있었고 또 다른 상자에는 상대 팀의 국기가 부착되어 있었다. 파울의 임무는 두 상자 중에서 하나를 선택해서 경기의 승리 팀을 미리 알아맞히는 것이었다.

파울은 이미 다섯 번이나 승리 팀을 제대로 맞혔고 이제 독일은 스페인과의 준결승전을 앞두고 있었다. 파울은 네 번의 경기에서 독일의 승리를 알아맞혔고 세르비아 전에서의 패배도 제대로 예측했다. 따라서 파울이 준결승전 결과를 예측해야 하는 순간에 언론의 관심은 정말 대단했다. 파울은 결국 스페인 국기가 부착된 상자를 선택함으로써 독일 축구팬들을 경악시켰다. 그리고 실제로 독일 축구팀은 스페인에 패하고 말았다. 이 경기 후에 독일 축구팬들 사이에서 즉흥적인 문어 그릴 파티가 평소보다 더 많이 벌어졌는지는 확인된 바 없다. 어쨌든 그 후 파울은 3위 팀도 맞히고 결승전 결과도 제대로 예측했다. 여덟 개의 경기 중에서 여덟 개의 결과를 모두 제대로 알아맞혔다. 이것은 과연 우연일까?

그렇다. 이것은 물론 우연일 수 있다. 2010년 월드컵 대회에서 여러 언론들이 주목한 점쟁이 동물들이 상당히 많았던 것을 고려하면 그중 하나 정도는 특히 잘 맞히는 것이 당연하다. 그리고 어쩌면 동물 조련사들이 파울이 특히 독일 팀 상자를 자주 열도록 하는 영리한 트릭을 사용했을 수도 있다.

처음부터 눈길을 사로잡는 마술도 순전히 우연으로 설명할 수 있다. 1970년대에 이스라엘 출신의 마술사 유리 겔러는 초자연적인 능력을 선보였다. 그는 여러 텔레비전 쇼에 출연해서 자신의 능력을 선보였는데 그의 특기는 눈으로 쳐다보기만 해서 숟가락을 구부리는 것이었다. 이 마술은 어린이 생일 파티에 등장하는 모든 마술사들이 별 어려움 없이 할 수 있는 것이었지만, 알록달록한 특이한 셔츠를 입고 등장한 이 젊은 남자는 그가 무대에서 선보이는 것을 마술이 아니라 진짜 초능력으로 보이게 만드는 데 성공했다.

그렇지만 유리 겔러의 성공 사례 중에서 단순히 마술사의 손놀림만으로 설명할 수 없는 것도 있었다. 그는 텔레비전 시청자들에게 고장 난 시계를 텔레비전 앞으로 가지고 오면 자신이 초능력으로 시계를 고칠 수 있다고 말했다. 그랬더니 고장 났던 시계가 다시 째깍거리며 작동한다고 전하며 열광하는 시청자들이 있었다.

유리 겔러는 이렇게 함으로써 특별히 대단한 모험을 한 것은 아니었다. 멈춘 시계를 조금 흔들면 시계가 다시 째깍거리며 작동하는 것은 그리 놀라운 일이 아니다. 충분히 많은 사람들이 시청하고 있었다면 방송 후에 순전히 우연히 멈췄던 시계가 다시 작동한 시청자들이 있었을 것이다. 비록 몇 분 동안만 작동했겠지만 그래도 다음 날 한껏 들뜬 목소리로 고장 났던 시계가 다시 작동했다고 사무실 동료들에게 전하기에 충분했다. 반면에 유리 겔러 쇼가 진행되는 동안 고장 난 시계가 계속 그냥 고장 난 채로 있었던 사람은 할 얘기가 없기 때문에 다음 날이면 그런 생각을 아예 하지 않을 것이다.

마술사와 사기꾼

누군가 초자연적인 힘이 있다고 주장한다면 새로운 의약품의 효과를 검증할 때와 마찬가지로 검증해볼 수 있다. 통제된 상황하에서 적절한 실험을 가능한 한 자주 반복해서 진행한 후, 마지막에 진짜 효과가 있었는지 아니면 개별적인 성공이 단지 우연 때문이었는지 계산해서 확인할 수 있다.

바로 이런 실험을 통해 유명해진 사람이 제임스 랜디(James Randi)다. 그는 젊은 시절 '어메이징 랜디'라는 이름을 갖고 활동했던 유명한 무대 마술사이자 탈출 예술가였다. 따라서 그는 어떤 트릭을 사용해서 관중들을 속일 수 있는지 너무나 잘 알고 있었다. 유리 겔러가 어떤 방송 쇼에 출연했을 때 랜디가 초대되어 어떤 도구도 조작될 수 없도록 지켜보았다. 그러자 겔러의 초능력이 갑자기 사라져버린 듯했다. 겔러는 그날따라 컨디션이 좋지 않다고 둘러댔다. 이유가 무엇이었을까? 물론 그냥 우연일 수도 있다.

다른 여러 가지 능력을 가졌다는 사람들도 자신의 능력을 랜디에게 검증받는 것을 승낙했다. 그는 텔레파시에 대한 실험을 진행했고, 광석의 신비한 힘에 대해 조사했으며, 맥을 짚는 사람들의 능력을 검증했다. 그중에서 진짜 효과가 검증된 경우는 전혀 없었다. 이제는 랜디와 마찬가지로 과학적인 전문 지식을 바탕으로 비과학적인 주장들을 검사하는 회의론자들의 조직을 전 세계 곳곳에서 찾아볼 수 있다. '제임스 랜디 교육재단'은 심지어 과학적으로 통제된 조건에서 나타나는 초자연적인 효과를 입증할 경우 100만 달러를 지급하겠다며 상금을 내걸기도 했다. 많은 사람들이 상금을 타려고 시도했다. 그러나 성공한 사람은 아무도 없었다.

이런 테스트에서 흥미로운 것은 결과 그 자체가 아니다. 독특한 괴짜들에게 148번이나 그들 역시 자연의 법칙을 거스를 수 없다는 사실을 증명해 보여주는 것은 더 이상 숨이 멎을 정도로 새로운 사실이 아니다. 이런 사람들의 터무니없는 자기 확신을 지켜보는 것이 바로 흥미로운 점이다. 이들은 무언가를 우연히 맞혔을 뿐인데 자신들의 초자연적인 능력에 대한 확고부동한 믿음을 갖고 있었다.

예를 들어 어떤 사람은 추를 이용해서 금속을 탐지할 수 있다고 주장한다. 그는 탁자 위에 금속 조각을 올려놓고 그 위에 불투명한 컵을 덮은 뒤 자신의 추를 이용해 금속 조각을 감지해서 찾으려고 시도한다. 그리고 실제로 추는 금속 조각이 들어 있는 컵 위에서 확실하게 원을 그리며 돈다. 그의 능력은 확실해 보이고 감춰둔 금속 조각이 추에 마법 같은 힘을 행사하는 듯 보인다. 그러나 유감스럽게도 이런 신기한 힘은 기적의 추를 움직이는 사람이 금속 조각이 어디에 감춰져 있는지 알고 있는 경우에만 작동한다.

이것을 과학적으로 입증하려고 하면 늘 그렇듯이 전혀 다른 결과가 나온다. 똑같은 모양의 컵 열 개를 나란히 세워놓는다. 제비뽑기를 통해 금속 조각을 어떤 컵 아래 감춰놓을지 결정한다. 그러고 나서 실험 진행자는 무의식적으로 힌트를 주는 것을 방지하기 위해 실험이 진행되는 방에서 나간다. 그런 다음에야 테스트를 받는 사람은 추를 들고 다른 과학자들의 감시하에 방으로 들어와 나란히 놓인 컵 위에 추를 올려본다. 그런데 갑자기 아까처럼 강렬하고 인상적인 움직임은 사라지고, 추는 그저 수줍고 조심스럽게 컵 위에서 살짝 돌 뿐 뚜렷한 차이가 보이지 않는다. 그래도 추를 움직이는 사람은 언젠가 열 개의 컵 중에서 하나를 선택하고 관찰팀은 해당 컵의 번호를 기록한다.

이런 테스트를 가능한 한 여러 번 반복해서 마지막에는 추가 금속 조각이 있다고 선택한 곳과 실제로 금속 조각이 있었던 곳을 비교해볼 수 있다. 그리고 이런 종류의 실험 결과는 대체로 항상 똑같이 나온다. 자칭 초능력이 있다고 주장하는 실험 대상자의 적중률은 그냥 무작위로 선택했을 때의 적중률과 비슷하다. 어떤 사람들은 적중률이 조금 더 높고, 어떤 사람들은 적중률이 조금 더 낮다. 추 대신에 룰렛 공이나 주사위 또는 열대수족관 속에 들어 있는 애완용 물고기를 대상으로 실험해도 마찬가지다. 단지 우연히 적중하는 경우가 있을 뿐, 초자연적인 재능은 말이 안 된다.

이런 결과에 대해 대부분의 실험 대상자들은 진심으로 놀란다. 그들은 정말로 자신들이 대부분 맞힐 수 있다고 생각했다. 이들은 사기꾼이 아니라 단지 자기 자신을 속였을 뿐이다. 그렇지만 이런 테스트를 통해 초능력에 대한 그들의 믿음이 장기적으로 치료되는 경우는 극히 드물다. 인간의 뇌는 조금의 억압을 통해 미리 마련된 신념의 틀을 강요할 수 있게 사실을 왜곡하는데 상당히 뛰어난 능력을 갖고 있기 때문이다.

소망하는 것이 도움이 되는 연구실

프린스턴 대학교는 세계에서 가장 유명한 대학교 중 한 곳이다. 노벨물리학상을 수상한 리처드 파인만(Richard Feynman)과 컴퓨터공학자인 앨런 튜링(Alan Turing)도 프린스턴 대학교에서 공부했다. 알베르트 아인슈타인은 그곳에 사무실이 있어서 일을 마치고 위대한 논리학자인 쿠르트 괴델(Kurt Gödel)과 함께 프린스턴 대학교의 캠퍼스를 가로질러 산책하며 집으로 가는 것을 즐겼다.

그런데 1979년부터 이렇게 명예스러운 교육의 전당에서 상당히 이상한 조짐을 관찰할 수 있었다. 복잡한 우연 발생기들이 만들어졌는데 그중에는 전자식 우연 발생기도 있었고 기계식 우연 발생기도 있었다. 작은 못들이 여러 개 박혀 있는 커다란 판자는 위에서 작은 구슬을 굴릴 수 있게 되어 있었다. 구슬이 첫 번째 못에 부딪치면 우연은 구슬이 오른쪽으로 튕겨 갈지 또는 왼쪽으로 튕겨 갈지 결정했다. 곧이어 구슬이 또 다른 못을 만나게 되고 또다시 우연히 정해진 방향으로 굴러간다. 이런 식으로 단시간 내에 수천 개의 구슬을 판자 위에 떨어트려 우연히 굴러가게 할 수 있었다. 그리고 판자 앞에는 어떤 과학자가 진지한 눈빛으로 앉아서 판자를 건드리지 않고 오직 생각만으로 구슬의 우연한 방향을 바꿔보려는 시도를 하고 있었다.

이 연구 프로그램의 이름은 '프린스턴 공학 비정상 현상 연구(Princeton Engineering Anomalies Research)'로서 약자로 PEAR로 불렸으며 특이 현상들을 연구했다. 가령 생각의 힘으로 물리적인 사물에 영향을 끼치는 염력과 같은 것들이었다. 이것은 의심할 여지 없이 상당히 기이한 연구 분야였다. 정신적인 것과 물질적인 것은 서로 분리된 두 개의 분야라서 어떤 마법적인 트릭으로 연결해야 한다고 누가 말하던가? 내가 내 집게손가락에게 왼쪽 콧구멍을 후비라고 명령하면 나는 생각의 힘으로 물리적인 대상에 영향을 끼친 것이지만 이것에 대해 깊은 인상을 받는 사람은 아무도 없다.

PEAR 연구소에서 연구하려고 했던 소위 '사이(psi) 현상'은 지금까지 알려지지 않았던 생각과 물질 사이의 관계를 다루고자 했다. 실험 대상자들이 물리적으로 우연 장치에 영향을 미칠 수 없더라도 우연한 사건들이 어떤 사람의 의식 상태에 의해 바뀔 수 있는지에 대해 과학적인 방법으로 연구하려고 했다. 실험 참가자들은 전자식 우연 발생기를 상대로 생각의 힘만으로 더 높거나 더 낮은 숫자를 표시하라고 설득하려 애썼다. 그리고 그들은 못이 박힌 판자 위에서 굴러 떨어지는 공을 염력을 이용해서 오른쪽이나 왼쪽으로 굴러가게 조종하려고 시도했다.

만약 실험 참가자들의 초자연적인 힘을 믿지 않는다면 상당히 단조로운 결과를 예상할 것이다. 누군가 생각의 힘으로 우연의 숫자를 조정하려고 하든 아니면 사실은 머릿속으로 지난 일요일에 있었던 축구 경기를 생각하든 결과에는 아무런 상관이 없다. 충분히 많은 숫자들을 모으면 가능성 이론의 규칙에 따라 산출할 수 있듯이 숫자들은 모든 경우에 착실하게 무작위 분포에 따를 것이다.

그리고 바로 이런 점을 실제로 PEAR 연구소의 데이터를 보면 확인할 수 있다. 어떤 사람이 생각의 힘을 총동원해서 정신력으로 숫자를 바꾸려고 하든 아니든 상관없이 무작위 분포는 똑같으며, 통계적인 차이는 미미하다. 생각의 힘은 이렇다 할 만한 영향력을 끼칠 수 없다.

그러나 프린스턴의 PEAR 팀은 결과를 아주 자세히 살펴보면 미세한 차이를 발견할 수 있다고 주장했다. 연구팀은 수년에 걸쳐 엄청난 양의 데이터를 수집했고, 미미한 효과를 확인할 수 있을 때까지 아주 오랫동안 통계적 방법을 동원하여 분석했다. 그러면서 우연한 사건들을 염력을 이용해서 어떤 특정한 방향으로 조종하는 것이 아주 조금은 도움이 되었다고 주장했다. 효과는 거의 알아볼 수 없었다. 마치 동전을 수천 번 던져서 예상했던 것보다 한 번 더 맞힌 것과 같이 미미한 정도였다. 이것은 완전히 보잘것없이 들리지만 충분히 많은 데이터를 가지고 있다면 아주 미미한 효과를 통계적으로 감지할 수 있다.

그렇지만 매번 더 작은 효과들을 증명하려고 시도하다 보면 진짜 효과와 실험에서 나타나는 작은 오류들을 구분하는 것이 점점 더 어려워진다. 이러한 실험이 위조될 수 있는 오류의 근원이 얼마나 많은지 생각해볼 수 있다. 어쩌면 우연 발생기 중 하나가 완벽하게 우연은 아닐 수도 있지 않을까? 통계학적 기준에서의 일정한 편차는 실험 대상자가 시간이 지남에 따라 무의식적으로 익숙해진 것은 아닐까? 그리고 동료 한 명이 모르고 방으로 들어와서 실험 대상자의 집중력이 흐트러져 2주에 한 번씩 실험 중 하나가 중단될 수도 있다. 이때의 자료를 사용해야 할까 아니면 폐기해야 할까? 이 경우 증명하려는 이론에 적합한지 아닌지에 따라 데이터의 폐기 여부가 결정되는 것은 아닐까? 물론 PEAR 연구팀은 모든 것이 아주 깔끔하고 정확하게 진행되도록 많이 노력했겠지만 실수를 하지 않는 연구자는 없고 그 어떤 실험도 완벽하지는 않다.

새로 발견한 효과라고 생각할지 아니면 실험의 오류라고 생각할지를 어떻게 결정할까? 특정한 통계학적 테스트를 가지고 PEAR의 데이터들이 타당한지 확인해볼 수 있다. 예를 들어 정신적으로 영향을 끼치려는 시도 없이 생성된 PEAR 연구소의 우연한 숫자들은 매우 흥미롭다. 각 염력 테스트 중간중간에 우연 발생기를 실험 대상자 없이 돌렸는데, 통계적 비교 데이터를 수집하기 위해서였다. 아무런 영향을 받지 않은 이런 우연한 숫자들은 기준치가 되며, 이 숫자들은 무슨 일이 있어도 완전히 임의적이고 일반적이고 평균적이어야 한다. 그러나 이는 평균으로부터 평균적인 오차가 나야 한다는 것을 의미하기도 했다. 어떤 사람이 계속해서 동전 100개를 공중으로 던지면 평균적으로 50번은 앞면이 나오고 50번은 뒷면이 나오지만, 때로는 통계적인 이유로 이런 기대치에서 크게 벗어나는 결과가 나오기도 한다. 하지만 영향을 받지 않은 PEAR의 우연한 숫자들은 우연이라고 하기에는 너무 좋았다. 이 숫자들은 기대하는 것보다 기대치를 항상 더 많이 충족했다. 이것은 어쨌든 무언가 잘못됐다는 것을 암시하는 것이다.

PEAR의 과학자들은 이것 역시 초감각적인 효과라고 해석하며 이를 '베이스라인 바인드(baseline bind)'라고 불렀다. 아무도 비교실험에 생각으로 영향을 끼치려고 하지 않았으나 그럼에도 불구하고 실수로 초감각적인 효과가 이 실험에 작용한 것은 아닐까? 어쩌면 실험 대상자들이 본능적으로 가능하면 아름다운 비교 데이터를 원했던 것은 아닐까? 이것은 마치 일종의 정신적인 환경오염으로, 생각의 마술적인 힘이 실험실에서 통제되지 않은 채 확산된다는 이야기로 들린다. 분명히 흥미로운 생각이지만 그러면 언제나 어떤 결과를 자신이 원하는 대로 주무를 수 있을 것이다.

나중에 PEAR는 그와 반대되는 데이터를 내놓기도 했다. 영향을 받지 않은 우연한 숫자들은 더 이상 착실하게 기대치에 상응하지 않고 체계적으로 벗어나는 듯 보였다. 이것 역시 일어나서는 안 되는 일이었다. 통계적으로 이상한 이런 모든 일들이 어떻게 일어나게 됐는지 말하기는 어렵다. 그러나 PEAR 실험에 대한 신뢰를 강화하는 데 도움이 되지는 않는다.

그런데 더 중대한 문제가 있었다. 과학적인 결과는 재생산이 가능해야 하는데 PEAR는 바로 이 점에서 실패했다. 독일 연구소 두 곳에 그 효과를 입증해달라고 의뢰했는데 프린스턴에서 나온 결과는 반복되지 않았다. 이상하게도 심지어 프린스턴에서도 자신들의 데이터를 재생산해내지 못했다.

약 28년 후 PEAR는 결국 문을 닫고 말았다. 어떤 사람들은 이 실험실을 프린스턴 대학교의 수치라고 생각해서 안도했으며, 어떤 PEAR 연구원들은 자신들의 주장이 이미 확실히 증명되었기 때문에 연구실을 폐쇄해도 괜찮다고 생각했다. 하지만 이들의 주장에 동의하는 사람은 거의 없었다. 그러기에는 그들이 내놓은 데이터들이 너무 모순적이었다.

그렇지만 돌려서 생각해보면 PEAR 연구는 엄청난 가치가 있는지도 모른다. PEAR는 우리에게 초자연적인 현상에 대한 진짜 증거를 제시하지는 못했지만, 아주 신중한 태도와 엄청난 양의 실험과 깔끔한 통계적 조사를 통해서도 쓸모없는 것을 만들어낼 수 있다는 것을 보여주었다. PEAR 연구원들은 똑똑하고 신중한 사람들로서 과학적인 지식을 바탕으로 연구를 했다. 대부분의 사이비 과학자들과는 다른 점이었다. 하지만 그럼에도 불구하고 그들은 자신들이 진실이라고 믿고 싶어 하는 이론을 검증할 때 이상하고 재생산이 불가능한 기묘한 것에 얽매이고 말았다. 어떤 나쁜 의도 없이 그리고 가장 좋은 과학적 의도를 가지고 있다고 해도 아주 무의식적으로 자기 자신을 속일 수 있는 것이다.

PEAR를 어쩌면 의약품에서의 플라세보 효과와 비슷하게 바라봐야 하는지도 모른다. 그런 것이 존재한다는 것을 우리는 받아들여야 한다. 하지만 진짜 의약품이 플라세보보다 더 효과적이기를 기대하는 것처럼 우리는 진짜 염력 실험에서도 PEAR 실험에서 나왔던 결과보다 더 좋은 데이터가 나오기를 바라는 것이다.

우리는 모두 우연의 산물

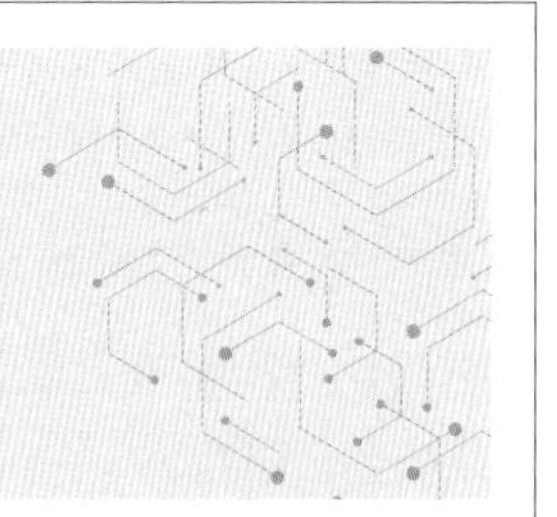

우리가 존재한다는 엄청난 행운, 균형을 이룬 자연법칙 그리고 인류 원리:
우연 없이 우리는 존재하지 않았을 것이고, 우리 없이 우연은 존재하지 않을 것이다.

그래서 어떻다는 것인가? 우리는 지금까지 세계가 예측 가능한 시계의 톱니바퀴 장치처럼 작동하는지 아니면 우리 우주의 근본적인 설계도 어딘가에 우연이 깃들어 있는지 곰곰이 생각해보았다. 우리는 날갯짓으로 날씨를 뒤죽박죽으로 만들어버리는 나비를 만나보았으며, 살아 있으면서 동시에 죽은 고양이도 만나보았다.

우리 세계에서 우연이 정말 놀라운 역할을 한다는 것을 알려주는 물리학 이론에 대해 감탄했고, 그렇지만 우리에게는 큰 차이가 없다는 사실 또한 확인했다. 제한된 두뇌, 제한된 감각 그리고 제한된 수학적 능력을 가진 우리 인간은 어차피 절대로 이 세상을 완벽하게 분석하고 이해하고 예측할 수 없기 때문이다. 우리가 엄격한 물리학적 의미에서 완전히 우연인 우라늄 핵분열을 관찰하든 아니면 훌륭한 측정 기술과 컴퓨터 계산으로 결과를 어느 정도 예측할 수 있는 룰렛 게임을 지켜보든 우리에게는 별다른 의미가 없다. 둘 다 우리에게는 비슷한 방식으로 우연처럼 느껴지기 때문이다.

그리고 우리 인간은 우연과 관련해서 상당히 이상하게 행동한다는 것을 확인할 수 있었다. 우리는 카지노에서 돈을 잃고, 우연한 사건에서 패턴이나 규칙을 찾아내려고 애쓰고, 순전히 운이 좋았던 것과 개인의 성취를 혼동한다.

그래서 우리가 알게 된 것들을 가지고 이제 어떻게 해야 하는 것일까? 우리 세계를 자연과학적으로 완전하게 설명하고 미래를 예측할 수 있는 기회를 앗아 가는 우연에 대해 분노해야 할까? 우리로 하여금 자주 비합리적인 행동을 하게 만드는 우연을 두려워해야 하는 것일까? 그렇지 않다. 나는 우리가 우연에 대해 기뻐해야 한다고 생각한다. 우연은 우리의 친구다.

우리가 존재하는 것은 우연 덕분이다

우리가 오늘날 여기에 존재하는 것은 어쨌든 엄청난 우연들이 축적된 결과이다. 우리가 존재하기까지 얼토당토않고 믿을 수 없는 수많은 사건들이 일어나야만 했다. 초신성이 충분한 양의 무거운 원소들을 남겨놓은 우주 어딘가에 적당한 크기의 별이 생성되어야만 했다. 카오스적인 혼돈 속에 날아다니는 물질들로 행성이 만들어져야 했고, 그 표면이 살아가기 좋은 온도를 유지하기 위하여 별과 정확한 거리를 두고 궤도를 돌아야만 했다. 그 행성에서 언젠가 분자들이 제대로 조합되어 스스로 재생산이 가능한 구조가 만들어져야만 했다. 이렇게 해서 시작된 진화는 예측 불가능한 수백만 년 동안의 우연한 일들을 통해 항상 제대로 된 방향으로 진행되어야 했다.

약 1억 년 전에 에오마이아라는 작고 털이 나고 나뭇가지를 기어오르는 동물이 살고 있었다. 에오마이아는 과감한 점프로 가까이 다가오는 맹수 익룡으로부터 자신을 지킬 수 있었으며, 이것은 당신이나 나에게 아주 대단한 행운이었다. 우리는 바로 이 동물로부터 직접 유래했기 때문이다. 만약 그 동물이 잡아먹혔다면 우리는 오늘날 여기에 없을 것이다. 전체적으로 보면 물론 진화는 비슷하게 진행되었을 것이다. 그 동물 하나가 죽었다고 해서 인간의 진화와 생활환경에 별다른 영향을 미치지는 않았을 것이다. 하지만 지금 여기에 앉아 있는 당신과 나는, 지금 우리가 가지고 있는 정확한 유전적 형태와 개인적 특성을 지닌 우리는 존재하지 않았을 것이다.

셀 수 없이 많은 우리의 조상들은 결국에 우리가 만들어지기 위해 엄청난 양의 기가 막힌 우연들을 경험해야 했다. 끔찍한 전쟁터에서 우리 조상들은 운 좋게도 화살, 칼 그리고 총알을 피할 수 있었다. 그리고 우리 고고조할머니가 나중에 우리 고고조할아버지가 될 그 친절한 젊은이를 우연히 만나게 된 계기는 남자가 타고 가던 말이 다리를 다쳐서 하룻밤 그 동네에 묵게 되었기 때문이다. 이런 기막힌 우연들이 없었다면 우리는 오늘날 존재하지 않았을 것이다. 그 대신에 마찬가지로 자기 존재의 놀라운 우연에 대해 감탄하고 있을 다른 누군가가 존재하고 있을 것이다.

그렇지만 우리가 살아가고 있는 행운은 더 많은 기이한 우연의 연결 고리에 달려 있다. 우주의 여러 가지 특성이나 자연법칙들은 생명이 발달할 수 있게 균형을 잘 이루고 있다. 지루하고 생명이 없는 우주를 상상해보는 것은 어렵지 않다. 단단한 물질 없이 오직 광선만 존재하는 그런 우주 말이다. 빛은 어떤 장애물도 없이 모든 방향으로 퍼질 것이다. 아무도 보는 사람 없이 영원히 그렇게. 또한 모든 입자들이 음극의 성질만 띠고 있어서 서로 밀어내고 쉴 새 없이 서로 멀어져 흥미로운 구조가 만들어지기 어려운 그런 우주를 생각해볼 수도 있다. 분자도 없고, 세포도 없고, 생명체도 없다.

하지만 우리는 그러한 우주에 살고 있지 않다. 우리 우주의 역사는 훨씬 더 흥미진진하게 진행되었다. 엄청난 빅뱅으로 인해 뜨거운 입자들이 생성되었고, 빠르게 날아다니는 입자들로 이루어진 혼란의 원시 수프는 질서를 만들기에는 너무 뜨거웠다. 물질은 차츰 식었고 우주는 확산되었다. 원자가 생성되고 중력에 의해 서로 끌어당겨져 별이 생겨났고 냉각된 조용한 우주에 반짝이는 뜨거운 점들이 되었다.

우주에서 별이 만들어질 수 있는지 여부는 밀도에 달려 있다. 초기 우주 빅뱅의 불꽃 속에 물질들이 조금만 적었더라면 그 물질들을 별로 응축시킬 수 있는 중력이 너무 약했을 것이다. 입자들은 그냥 서로 떨어져 나갔을 것이고 넓은 우주에서 점점 엷어졌을 것이다. 하지만 물질이 조금만 더 많았더라면 별, 행성 그리고 은하계가 생성되기도 전에 중력에 의해 우주의 전체 덩어리가 무너져버렸을 것이다. 두 경우 모두 생명이 살기에 불가능했을 텐데 우주의 밀도는 우연히도 정말 딱 적당했다.[21]

정확하게 균형을 이룬 자연상수를 보여주는 또 다른 단서들이 있다. 예를 들어 이것 없이는 유기화학이 존재하지 않았을 탄소는 커다란 별의 내부에서 세 개의 헬륨 핵으로 만들어진다. 만약 전자기력 또는 핵력이 조금만 더 강하거나 약했다면 그런 과정은 불가능했을 것이다.[22]

우리가 3차원으로 이루어진 우주에 살고 있다는 사실조차도 우리에게는 행운이다. 2차원의 우주에서는 고등 생물이 생성되는 것이 불가능했을 것이고, 더 고차원의 우주에서는 행성의 궤도가 카오스적이고 불안정했을 것이다.

우주가 하필이면 생명이 살아가기 좋은 3차원으로 결정된 더 깊은 이유가 있을까? 자연상수는 어떻게 그렇게 자연에 존재하는 원자들을 풍족하게 만들어낼 수 있게 정해져서 자연이 그렇게 흥미진진한 것들을 조합해서 만들어낼 수 있었을까? 우주의 밀도가 정확하게 딱 맞아떨어진 것은 그냥 엄청난 우주의 우연일까?

나는 이런 생각들을 곰곰이 해보다가 라디오를 켰다. "여러분은 지금 오스트리아 제1라디오를 듣고 계십니다"라고 라디오 진행자가 말한다. 라디오 진행자는 그것을 어떻게 알고 있을까? 마침 그 방송을 듣고 있는 나에게 그렇게 얘기하는 것은 엄청난 우연이 아닐까? 당연히 그렇지 않다. 내가 만약 라디오를 켜지 않았다면 나는 그 말을 듣지 못했을 것이고 그 말에 대해 놀라워하지도 않았을 것이다. 이와 마찬가지로 우주가 우리가 살아가기 좋게 만들어주는 여러 가지 놀랍고 섬세한 우연들에 대해 놀라워할 필요가 없다.

자연상수가 지능이 있는 생명체를 아깝게 허락하지 않은 것에 대해 누군가 슬퍼하는 그런 우주는 존재할 수 없다. 물질의 밀도가 별의 생성을 불가능하게 하고, 헬륨보다 더 무거운 원자가 만들어지지 못하고, 또는 단지 2차원의 공간밖에 존재하지 않는다고 누군가 안타까워하는 그런 우주는 존재할 수 없다. 그런 우주에는 불만을 제기할 수 있는 누군가도 존재하지 않고, 우주의 특성을 조사할 수 있는 과학도 존재하지 않으며, 자연상수의 낮은 품질에 대해 항의할 수 있는 우주 항의 센터 같은 곳도 없을 것이기 때문이다. 우주는 바로 지금 그대로의 모습인 것이다. 그리고 만약 우주가 다른 모습이었다면 우리는 존재하지 않았을 것이다. 이런 생각을 흔히 '인류 원리'라고 설명한다. 우주는 우리가 존재하는 데 적합한 조건을 가지고 있으며 이것은 우연이 아니다. 시베리아 호랑이가 남중국해 수면 3,000미터 아래서 태어나지 않고 항상 시베리아에서 태어나는 것이 우연이 아닌 것과 마찬가지다. 이것은 시베리아 호랑이에게 다행스러운 일이고 그것에 대해 의아해할 필요가 없다.

어쩌면 다양한 자연법칙들이 존재하는 여러 개의 우주가 있을 수도 있다. 어쩌면 우리 우주는 엄청난 거품 덩어리 같은 평행 현실에서 아주 미미한 비눗방울에 불과할지도 모른다. 어쩌면 전자밖에 존재하지 않는 우주가 있을 수 있고, 모든 원자의 무게가 최소한 12킬로그램인 우주가 있을 수 있으며, 오로지 빨간 고무장화로 이루어진 우주도 있을 수 있다. 그리고 어쩌면 이런저런 혼잡 속에서 탄소를 기반으로 만들어진 이상한 생명체가 책을 읽고 있는 우주도 있을 수 있다.

이러한 생각은 나름대로 매혹적이다. 모든 가능한 우주가 동시에 존재한다면 우리는 왜 하필 우리의 우주가 우연히 살기 좋고 아름다운지 생각해보지 않아도 된다. 그러면 여러 우주 중에서 어딘가에 생명체가 존재하는 것은 불가항력적인 것이다. 비록 믿기 어렵겠지만 말이다.

우연이 존재하는 것은 우리 덕분이다

우리가 살고 있는 우주에 만족하지 못하고 단지 우리 인간이 존재하는 이유를 설명하기 위해 셀 수 없이 많은 추가적인 우주를 요구하는 것은 어쩐지 교만하고 인간 중심적으로 여겨진다. 그런 생각들을 해보는 것이 우리에게 기쁨을 준다면 물론 그렇게 할 수도 있다. 어차피 과학적으로 입증할 수는 없기 때문이다. 하지만 어쩌면 그런 생각을 뒤집어보는 것이 더 의미가 있을 것이다. 우연이 우리를 만들었기 때문에 우리 인간이 존재하는 것이 아니라 우리 인간이 우연을 만들어냈기 때문에 우연이 존재하는 것이다.

우연한 사건은 그러한 사건을 우연으로 느끼는 누군가가 있어야만 성립된다. 우주 전체에 행성도 없고 생명체도 없다면 우연이라는 개념 자체가 아무런 의미가 없을 것이다. 물론 생명이 없는 우주에서도 카오스 이론이나 양자물리학의 법칙들이 적용

될 수 있다. 어딘가에서 예상치 못하게 방사성 원자가 붕괴되고 어쩌면 이런 미미한 원인으로 인해 언젠가, 수백만 년 후에 두 개의 별이 격렬하게 충돌할 수도 있다. 그런데 우주에 어차피 예측할 수 있는 사람이 없다면 '예측 불가능성'은 무슨 의미가 있을까? 무엇인가를 가능성 있게 여기는 누군가가 없다면 가능성은 무슨 의미가 있을까?

우연은 예상하지 못한 무슨 일이 일어났다는 것을 의미한다. 그리고 그 일에 대해 이야기를 할 수 있어야 한다. 골프장에서 누군가 안대로 눈을 가리고 단 한 번의 스윙으로 공을 홀에 정확하게 넣었다면 그것은 놀라운 우연이다. 그것은 예상할 수 없고 극히 드물게 일어나는 일이다. 그런데 골프공이 홀에서 북동쪽으로 정확히 12.4미터 떨어진 곳에 떨어질 가능성도 마찬가지로 극히 적다. 하지만 그런 일이 일어난다고 해서 반짝거리는 눈으로 팔을 번쩍 들고 "너희도 봤지? 이런 우연이! 정확히 12.4미터였어!"라고 환호성을 지를 사람은 아무도 없다. 우연은 견해의 문제다. 우리의 기대, 불안 그리고 희망과 밀접한 관련이 있다는 것을 부인할 수 없다.

또 우연은 우리가 더 이상 캐묻고 싶지 않거나 설명하기 힘든 것들의 이름이다. 뭔가를 우연이라고 부를 때, 우리는 더 이상 그 원인을 파헤치려고 하지 않는다. 어쩌면 근본적인 자연의 법칙들은 우리가 원인을 찾을 수 있는 가능성조차 주지 않을지도 모른다. 예측할 수 없는 양자 입자의 붕괴처럼 말이다. 어쩌면 단지 우리에게 필요한 정보가 부족하거나 자세한 생각을 하기에는 너무 게으른 것인지도 모른다. 그런데 사실은 아무런 상관이 없다. 내가 주사위를 던졌을 때 왜 세 번 연속으로 6이 나왔을까? 바람은 왜 지물라크 부인의 허브 화분을 넘어트렸을까? 내가 지난주에 읽었던 책 6페이지에 있는 제목 바로 아래쪽에 왜 아주 작은 검은색 점이 있었을까? 나는 그 이유를 모르고, 이유를 알아낼 수 없기 때문에 그것을 우연이라 부른다.

우리 인간들은 어떤 일에 대해 열정적으로 원인을 찾으려고 한다. 바로 이런 점이 우리의 강점이다. 아주 어린 아이들조차 달의 모양이 왜 항상 똑같지 않은지 궁금해하고, 봄에 눈사람이 녹는 이유와 애벌레를 먹으면 안 되는 이유를 궁금해한다. 이러한 원인 찾기를 통해 우리는 과학과 기술을 발전시켰고 우리의 태양계에서 지배하는 종으로 등극했다. 우리는 원인에 대한 질문을 절대 멈춰서는 안 된다. 그렇지만 모든 대답이 더 깊은 원인에 대한 질문으로 이어지는 끝없는 원인의 사슬에 얽히지 않으려면 어떤 지점에서 끝을 낼 수 있어야 한다. 적어도 잠정적으로 말이다. 우리는 우리가 이유를 찾을 수 없는 것을 우연이라 설명한다.

우연성은 우주의 특성이 아니라 우리의 머릿속에 들어 있는 카테고리다. 우연은 우리가 결국 세계를 이해할 수 없다는 것을 의미한다. 그리고 만약 이해할 수 있다면 삶은 상당히 단조로워질 것이다. 우연은 우리가 예기치 못한 일들을 경험하고 앞이 보이지 않는 혼란 속에서 다채로운 미래의 가능성에 희망을 걸어도 된다는 것을 의미한다. 세상 곳곳에서 날마다 놀라운 기적들이 일어난다는 뜻이기도 하다. 우연의 존재로 우주는 정말 놀라워진다. 우리는 우리 머릿속에 들어 있는 우연을 통해 우주를 정말 놀라운 것으로 만들고 있다. 아무도 놀라지 않는 기적이 무슨 소용이 있겠는가?

감사의 말

인생에서 많은 일들은 단지 우연히 나를 도와주는 똑똑한 사람들이 내 주변에 있어서 이루게 되는 경우가 많다. 내가 이 책을 쓸 때도 마찬가지였다. 아르투어 골체브스키, 베른트 하르더, 에른스트 아이그너, 에벨리나 에를라허, 이바 훙어-브레치노바, 카타리나 징거, 마르틴 마너, 마르틴 모더, 레나테 파추렉, 테레자 프로판터, 볼프강 슈타이너 그리고 그 외에도 나와 함께 토론을 하고 논쟁을 벌이고 새로운 생각을 할 수 있게 도와준 많은 분들에게 감사의 말을 전하고 싶다.

1 성공에 의존하는 것이 최고경영진에게 때로는 상당히 불리한 영향을 끼칠 수 있다. 경제학자인 디르크 옌터(Dirk Jenter)와 파디 카나안(Fadi Kanaan)은 최고경영자들이 개인적으로 잘못한 것이 없어도 자주 해고된다는 사실을 보여주었다. 그들에게 부담으로 작용한 경영 실적 악화는 대부분 일반적으로 좋지 않은 경제 상황 때문인 경우가 많아서 각 회사나 최고경영자의 능력과는 아무런 관련이 없었다.

2 존 롤스는 이 사고실험을 자신의 저서 『정의론(A Theory of Justice)』에서 조금 다르게 표현했다. 그는 법칙에 새로 합의한 후 우리의 특성과 사회에서의 지위가 우연에 의해 다시 정해진다고 하지 않았다. 그 대신에 롤스는 사회계약을 협상할 때 '무지의 장막' 상태여야 한다고 요구했다. 중요한 점은 두 경우 모두 나중에 자신에게 직접 해당 사항이 있는지 모르는 상태에서 객관적인 관점에 따라 규칙과 법을 정한다는 것이다. 협상 중에 자신이 누군지 잊어버리거나 아니면 협상 후에 정말 다른 사람이 될 수 있을지는 이 주장에서 별로 중요하지 않다.

3 영어권에서는 이런 잘못된 결론을 '검사의 오류(prosecutor's fallacy)'라고 부른다. 그러나 검사 측에서만 통계학적 오류를 범할 수 있는 것이 아니라 변호인도 잘못된 결론을 내릴 수 있으며 이를 '변호인의 오류(defense attorney's fallacy)'라고 부른다. 사건 현장에서 용의자의 DNA와 일치하는 DNA 흔적이 발견되었다고 가정해보자. 전문가는 단순히 우연의 일치일 확률은 100만분의 1이라고 설명한다. 이것은 명백한 일처럼 보이지만 변호인은 다른 견해를 갖고 있다. 지구상에는 수십억 명의 사람들이 살고 있으며 그중에는 발견된 DNA 흔적과 아주 우연히 일치하는 DNA를 가진 사람들이 수천 명 존재한다. 그래서 피고인은 단지 그중 한 명일 뿐이라고 변호인은 설명한다. 따라서 피고인이 범인일 가능성은 지극히 낮다고 주장한다. 그렇지만 이런 주장은 당연히 난센스다. DNA 테스트를 실시하기 전부터 피고인의 혐의를 입증하는 상황 증거들이 있었다. 현장에 남겨진 DNA 흔적과 DNA가 일치할 수도 있을 만한 다른 사람들은 멀리 떨어진 곳에 살고 있으며 희생자와 전혀 관련이 없고 혐의 가능성도

없는 사람들이다. 따라서 DNA 테스트 양성반응은 100퍼센트 정확하지 않다고 하더라도 아주 신빙성 높은 증거가 된다.

4 이렇게 경쟁자들 간에 벌어진 다툼은 전적으로 뉴턴의 잘못 때문은 아니었다. 그의 경쟁자들 역시 아름답고 예의 바르게 자제하는 모습을 보여주지 못했다. 당시에 최고의 자리에 오르기 위해서는 자신의 과학적 업적을 방어하는 데 호전적인 공격성이 어느 정도 필요했을 것이고, 이는 오늘날에도 별반 다르지 않다. 과학에서 진실과 아름다움, 인류의 발전과 모두를 위한 지식이 중요하다는 것은 맞는 말일 것이다. 하지만 그것을 향해 가는 길에는 숭고한 도덕성을 지닌 존재들만 있는 것이 아니다. 수많은 과학자들이 더 많은 연구비와 세계적인 명성 그리고 획기적인 결과를 얻기 위해 서로를 짓밟는다. 과학은 아름다운 것이지만 과학계에는 분명 추한 일면들도 있는 것이 사실이다.

5 이체문제의 경우에는 간단한 해를 구할 수 있지만 삼체문제의 경우에는 해를 구할 수 없다. 고전역학을 조금 가까이 접해본 사람들은 이 말을 의심할 바 없는 사실로 받아들인다. 보통 강의에서도 그렇게 배우기 때문이다. 하지만 놀랍게도 완전히 맞는 말은 아니다. 실제로 삼체문제의 해를 구할 수 있었다. 그리고 그 해는 임의의 숫자로 이루어진 체(體)로 확장됐다. 핀란드의 수학자인 카를 순드만(Karl Sundman)은 1912년에 삼체문제의 해로 무한급수를 찾아내는 데 성공했다. 1991년에는 중국의 수학자인 왕추둥(Qiudong Wang)이 n체(體) 문제에 관한 논문을 발표했다. 유감스럽게도 실질적인 유용성은 없다. 무한급수의 결과를 계산해내는 것은 어떤 시스템의 현재 상태로부터 무한히 많은 작은 단계들을 거쳐 미래의 상태를 계산해내는 것만큼이나 결코 간단한 일이 아니기 때문이다. 그렇지만 이런 업적들이 개론 강의에서 철저히 무시되고 있는 현실은 공정하지 않은 듯 보인다.

6 흥미롭게도 당구 게임의 경우에는 카오스가 당구대의 모양에 달려 있다. 당구공이 굴러가는 직사각형 모양의 당구대는 카오스적이지 않다. 심지어 완전히 비카오스적이고 정규적인 시스템의 좋은 보기가 되기도 한다. 이해를 돕기 위해 당구대의 구멍과 마찰력을 무시하면 당구공은 계속해서 일정한 속도로 굴러다니다가 당구대 가장자리에 부딪칠 것이다. 비슷한 초기조건에서 당구공을 다시 한 번 치면 아주 비슷한 궤도로 굴러갈 것이다. 원한다면 다른 모양의 당구대, 가령 원형의 당구대를 선택할 수도 있다. 그런다고 해도 당구대 위에 있는 당구공의 궤도는 비카오스적이고 예측 가능하다. 그런데 이제 직사각형의 당구대와 원형의 당구대를 합친다고 생각해보자. 직사각형의 왼쪽과 오른쪽에 각각 반원을 붙이면 경기장 형태의 당구대가 만들어진다. 이런 경기장 형태의 당구대 위에 있는 당구공의 움직임은 놀랍게도 카오스적이다. 당구공을 치

면 가장자리에 몇 번 부딪친 뒤 어느 방향으로 굴러갈지 전혀 알 수 없다. 그러나 여러 개의 당구공을 사용하면 직사각형의 당구대도 카오스적이 된다. 당구공은 차례로 다른 당구공과 부딪치고 그 공은 또 다른 공과 부딪친다. 이 경우에도 최종 결과는 초기조건의 영향을 아주 강하게 받기 때문에 장기적인 예측이 불가능하다.

7 아주 정확하게 따지자면 왼쪽과 오른쪽의 물리적인 차이는 존재한다. 중력, 전자기력 그리고 원자핵에서 중요한 역할을 하는 강한 상호작용은 모두 패리티(parity)가 보존된다. 이는 이러한 힘들이 거울 대칭이 된 우주에서 동일한 작용을 한다는 것을 의미한다. 수소 원자에서 거울 대칭이 된 전자는 일반적인 전자와 똑같이 행동하고, 만약 지구가 반대 방향으로 태양을 돈다면 이 움직임도 중력의 법칙에 따를 것이다. 하지만 약한 상호작용에서는 이런 법칙을 따르지 않는다. 중국 출신의 미국 물리학자인 우젠슝(Chien-Shiung Wu)은 1950년대에 코발트 원자핵이 붕괴할 때 비대칭이라는 것을 증명하는 데 성공했다. 이 업적으로 그녀가 노벨상을 수상하지 못하고 대신 그녀의 동료들이 수상을 한 것은 오늘날까지도 노벨상 역사에서 논란이 되고 있는 결정이다. 그렇지만 시간축의 근본적인 비대칭에 비하면 약한 상호작용으로 패리티가 보존되지 않는다는 것은 오히려 사소한 부분이다.

8 이는 회의장에서 일어날 수 있는 끔찍한 질식사의 가능성에 대한 정확한 계산은 아니다. 입자들이 회의장 천장 부근에 한동안 머무르고 곧바로 되돌아가지 않기 위해서는 입자들의 속도와 날아가는 방향도 고려해야 한다. 그리고 모든 입자들이 전부 예외 없이 가장 위쪽에 모여들 필요는 없다. 충분한 숫자의 입자들이 상부에 모이는 것만으로도 회의장 아래쪽은 위험할 정도로 기압이 낮아져서 호흡곤란을 일으킬 수 있다.

9 더 정확하게 표현하자면 이렇다. 엔트로피는 어떤 특정한 체계(또는 어떤 특정한 거시적 상태)에 대응되는 미시적 상태의 개수의 로그이다. 볼츠만이 로그를 고안한 것은 다루기 힘든 수학 함수로 사람들을 약 올리기 위해서가 아니며, 로그는 나름의 의미가 있다. 서로 다른 상태의 두 체계가 하나의 커다란 체계로 합쳐지면 두 체계의 엔트로피도 더해서 총엔트로피가 되어야 한다. 우리가 한 손에 앞면 또는 뒷면이 나올 수 있는 동전 두 개를 가지고 있으면 4가지 조합이 가능하다. 다른 손에 동전 세 개를 가지고 있으면 8가지 조합이 가능하다. 다섯 개의 동전 전부를 조합하면 4 곱하기 8, 즉 32가지 조합이 나온다. 여기서 곱하기를 해야 한다. 그런데 가능한 상태의 개수가 아닌 로그를 사용하면 더 간단해져서 단순한 덧셈만으로도 충분하다. 로그 4 더하기 로그 8은 바로 로그 32와 같다. 이런 간단한 요령을 가지고 두 부분 체계의 엔트로피를 무게나 에

너지처럼 다룰 수 있기 때문에 유용하다. 두 개가 합쳐지면 그냥 같이 더하기만 하면 된다.

10 열역학의 다른 법칙들은 조금 덜 복잡하다. 유명한 열역학 제1법칙은 닫힌 시스템에서 에너지가 항상 일정하다는 것이다. 에너지는 만들어지거나 소멸될 수 없다. 그리고 열역학 제3법칙은 어떤 물체도 정확하게 절대영도에 도달하는 것은 불가능하다는 것이다.

11 엔트로피는 흔히 어떤 시스템의 '무질서의 정도'로 설명되곤 한다. 어떤 사람들은 이런 설명이 이해하기 쉽고 도움이 된다고 생각하는 반면에 어떤 사람들은 이 설명이 끔찍하고 틀린 설명이며 헷갈리게 만든다고 생각한다. 진실은 그 중간쯤 어디엔가 있을 것이다. 문제는 '무질서'가 아주 굉장히 무질서한 단어라는 것이다. 내 책상은 얼핏 보기에는 상당히 무질서하게 보일 수 있지만 나는 계약서에 필요한 메모지가 어디에 있는지, 초콜릿을 어디에 숨겨두었는지 정확하게 알고 있으며 세금 신고를 위해 해야 할 일들의 목록을 커피 얼룩이 묻은 영수증 뒷면에 적어놓았다는 것을 아주 잘 알고 있다. 질서란 항상 다소 주관적이며 정의하기 어려운 것이다. 그렇지만 엔트로피는 명백하고 과학적인 방법으로 숫자로 표현할 수 있는 물리적인 크기다. 내 칵테일 잔에 깨진 얼음 조각 몇 개가 둥둥 떠 있으면 조금 무질서하게 보일 것이다. 얼음 조각이 녹으면 유리잔은 훨씬 깔끔해 보이겠지만 그래도 엔트로피는 증가했다. 유리잔 속에서 자유롭게 움직이는 물 분자의 숫자는 증가했고 따라서 가능한 상태의 개수가 증가했다. 엔트로피에 대한 어떤 구체적인 느낌이 반드시 필요하다면 에너지의 '유용성' 또는 '무용성'의 정도로 볼 수 있을 것이다. 에너지는 아주 다양한 형태로 존재할 수 있다. 배터리 속 화학적 에너지로, 초음속 비행기 내의 운동에너지로 그리고 냄비 속 열에너지로 존재할 수 있다. 하지만 다양한 에너지 형태는 다양한 양의 엔트로피와 관련되어 있다. 내가 전기난로로 침실을 따뜻하게 만들면 총에너지는 동일하다. 나는 단지 전기에너지를 열에너지로 바꾼 것이다. 그러나 엔트로피는 증가했기 때문에 이 에너지를 가지고 내가 할 수 있는 것은 별로 없다. 이 과정은 절대 거꾸로 진행되지 않는다. 침실 온도가 내려간다고 해서 전기가 생성되지 않는다. 보통 기계들이 최적의 효율을 가지고 있지 않은 것도 바로 이런 이유다. 가령 열 발전소에서 온수보일러의 열기를 통해 전기를 얻으려고 하면 문제가 발생한다. 뜨거운 온수보일러는 많은 양의 에너지를 가지고 있지만 동시에 엔트로피도 아주 많이 가지고 있다. 열에너지를 비교적 엔트로피가 낮은 에너지 형태인 전기에너지로 전환하려면 이런 성가신 엔트로피를 어떻게든 없애야 한다. 주위에 열을 발산함으로써 그렇게 할 수 있다. 그래서 열에너지의 일부를 냉각탑에서 밖으로 배출하여 전체적으

로 엔트로피가 증가하도록 한다.

12 색 분자들은 물감 방울 내에서 다양한 속도로 다양한 곳에 존재할 수 있고, 물 분자들도 마찬가지다. 물감 방울이 물잔에 떨어지면 시스템의 총엔트로피는 처음에는 물감 방울 엔트로피와 물잔 엔트로피의 합이다. 그러다가 본격적으로 시작된다. 색 분자들은 물잔 안에서 퍼질 수 있는 가능성이 훨씬 높아진다. 그리고 통계적으로 볼 때 실제로 그렇다.

13 비록 '열적 죽음'이라고 부르기는 하지만 반드시 안락한 따뜻함과 관련되어 있는 것은 아니다. 영어로는 '대동결(big freeze)'이라고 부르는데 이것이 더 적합한 표현일지도 모른다. 이 이론에 따르면 우주는 계속해서 팽창해 그 온도는 점점 더 절대영도를 향해 다가간다.

14 이런 주장은 '오컴의 면도날'로도 잘 알려져 있다. 자신이 관찰한 것을 설명할 수 있는 이론이 두 가지 있는데 그중 어떤 이론이 맞는지 결정할 수 없다면 단순한 이론을 신뢰해야 한다는 원칙이다. 밖에서 말발굽 소리가 들리면 지나가는 것은 얼룩말이 아니라 아마도 말일 것이다. 둘 다 가능하지만 말 이론이 덜 복잡하다. 하지만 평행우주의 경우에는 그렇게 단순하지가 않다. 어떤 이론이 더 쉽다고 생각하는지는 취향의 문제라는 것을 알 수 있다. 평행우주의 존재에 대한 논쟁에서 양측 모두 오컴의 면도날을 주장할 수 있기 때문이다. 평행우주 이론을 반대하는 사람들은 우리 세계를 설명하기 위해서 우주 전체를 들먹이는 것은 간단함의 요구에 대한 가장 급진적인 위반이라고 주장한다. 반면에 평행우주를 지지하는 사람들이 자신들의 이론이 수학적으로 그리고 논리적으로 봤을 때 아주 간단하다고 주장하는 것도 일리가 있다. 복잡하고 다양한 평행 현실을 만들어내겠지만 이 이론의 기본 원칙은 아주 간단하다. 어떤 가능성이 실현될지 아무도 결정하지 않아도 된다. 모든 것이 동일하게 현실이다. 어떤 이론이 더 간단한가? 그것은 각자 결정할 문제다.

15 오랜 시간 동안 양자 자살에서 살아남는 사람은 결국에는 다중세계 이론이 맞는다는 것을 상당히 확신하게 될 것이다. 다만 문제는 살아남은 사람이 이런 확신을 다른 사람에게 전달할 수 없다는 것이다. 거의 모든 관찰자들은 실험 참가자가 언젠가는 죽게 되는 우주에 살고 있기 때문이다. 오직 양자 자살자의 시각에서만 살아남은 것에 대한 확신을 가질 수 있다. 비록 자신의 복제본은 무수히 많이 죽게 되었다고 할지라도 말이다.

16 다른 사망 원인들에도 양자물리학적인 발생 요인들이 있다. 슈뢰딩거의 고양이가 측정 후에 살아서 상자에서 뛰어나온 뒤 화를 내며 거리로 뛰쳐나가 자동차 운전자를 깜짝 놀라게 해서 불운한 사고가 발생하면 이것 역시 양자우연성

의 결과가 된다. 따라서 고양이가 상자에 죽은 채 누워 있고 자동차 운전자는 무사한 평행우주가 있어야 할 것이다.

17 수학적으로 봤을 때 양자물리학은 전기학이나 고전역학과 같은 물리학 이론과 근본적인 차이는 없다. 설명하고자 하는 대상이 있고, 그것을 수학적인 방법으로 특징짓고, 특정한 방정식을 통해 앞으로 어떻게 행동할지 예측할 수 있다. 양자물리학적인 상태의 행동을 예측하는 슈뢰딩거 방정식은 훌륭하게 작동한다. 양자시스템의 상태를 완벽하고 정확하게 예측한다.
어떤 원자, 분자 또는 더 큰 양자시스템의 파동함수를 기록하고 슈뢰딩거 방정식을 사용하여 나중에 어떠한 상태에 있을지 정확히 계산해낼 수 있다. 그 결과는 수학적으로 명백하고 우연적인 것은 전혀 없다. 다양한 상태의 중첩일 수는 있지만 중첩의 종류는 처음부터 정해져 있다. 이런 의미에서 양자물리학도 완전히 결정론적이다.

18 난자와 정자는 특별한 형태의 세포분열인 이른바 감수분열을 통해 생성된다. 이것은 23개의 서로 다른 염색체가 쌍으로 이루어진 아주 평범한 신체세포에서부터 시작된다. 우선 염색체들은 세세하게 분류된 후 각 난자 또는 정자에 각각 한 개의 염색체가 들어갈 수 있도록 배열된다. 우리가 아버지에게 물려받은 염색체는 그 순간까지만 해도 우리가 물려받지 않은 아버지의 파트너 염색체를 가지고 있다. 그 염색체는 우연히 다른 정자에 들어갔기 때문이다.

19 당첨금이 4회에 걸쳐 누적된 경우 평소보다 더 많은 사람들이 로또 게임에 참여하는 것도 사실이다. 따라서 당첨금을 나눠 가져야 할 가능성도 높아진다. 하지만 이전 회차에서 누적된 돈이 합해지기 때문에 그래도 한 사람에게 돌아가는 금액은 일반적인 회차 때보다 크다. 당첨금이 여러 차례 누적된 로또 회차의 경우에는 로또 용지를 구입하는 데 들어간 비용보다 이익 기댓값이 더 높아질 수도 있다. 이런 경우에는 항상 철저하게 합리적으로 기댓값을 염두에 두는 사람이라면 무슨 일이 있어도 로또에 참여해야 한다. 평균적으로 지불하는 금액에 비해 더 많은 이익을 얻을 수 있다. 그렇다고 해서 로또 주관사가 돈을 잃는 것은 아니다. 이런 엄청난 특별 당첨금은 아무도 당첨 숫자를 맞히지 못한 이전 회차의 참여자들이 이미 지불했기 때문이다.

20 반대로 우리가 로또에 참여하지 않음으로써 우리가 항상 선택했던 숫자가 당첨되는 것을 막았을 수도 있다. 만약 우리가 로또 용지에 숫자를 기입했다면 바로 우리가 고른 숫자가 당첨되도록 우주의 분자와 힘이 이동했을 것이다. 이것은 가능한 일이지만 그렇다고 해도 우리가 그것을 알아낼 수 있는 방법은 전혀 없다. 그렇기 때문에 애초에 이에 대해 억울해할 필요가 없다.

21 오늘날 현대 우주론 용어로는 이 문제를 조금 다르게 설명한다. 우주의 임계밀도 문제는 우주의 생성과 관련해서 살펴보아야 한다. 1980년대 이후부터 '우주 인플레이션' 이론을 받아들인다. 빅뱅이 일어나자마자 우주가 엄청나게 빠른 속도로 팽창했다고 보는 것이다. 이 이론은 임계밀도의 문제를 설명하는 데 도움이 된다. 그러기 위해서는 우주상수가 필요한데, 그 값부터 먼저 설명해야 한다. 우리가 만들어질 수 있게 우주가 구성되었다는 사실에 놀라워하면 인플레이션 이론은 우리에게 아무런 도움이 되지 않는다. 우주상수가 왜 하필 정확히 현재의 값을 가져야 하는지 설명하는 이론이 앞으로 얼마든지 등장할 수 있다. 만약 그렇게 되면 더 이상 우연에 대한 얘기는 할 수 없을 것이다.

22 이 자연상수의 미세한 변화가 모든 삶을 불가능하게 만드는 것을 의미하는지는 말하기 어렵다. 어쩌면 자연상수들 간에 우리가 아직 알지 못하는 불가항력적인 관련이 있는 것은 아닐까? 조금 더 강한 핵력이 필연적으로 다른 상수들의 변화도 가져다주는 것일까? 만약 그렇다면 별의 내부에서는 우리가 한 번도 생각해보지 못한 완전히 다른 과정이 진행되는 것일까? 만약 그렇다면 화학 자체가 완전히 달라서 탄소는 생명의 출현을 위해 아무런 역할을 하지 않는 것일까? 그러면 번성하는 생명은 완전히 다른 원소를 바탕으로 피어나는 것일까? 이런 생각들을 해보는 것은 흥미진진하지만 오늘날의 물리학은 우리 지구의 자연법칙과 자연상수와는 다른 대안의 우주를 산출할 수 있을 만큼 아직 발달하지 않았다. 그렇지만 상관없다. 약간의 상상력을 바탕으로 한 추측 정도는 허용될 것이다.

 성공은 다 운이다?

Piff, Paul: Does Money Make You Mean?; TEDxMarin, www.ted.com/talks/paul_piff_does_money_make_you_mean (2013).

Piff, Paul: Higher social class predicts increased unethical behavior; PNAS, 109(11) (2012).

Fitza, Markus A.: The use of variance decomposition in the investigation of CEO effects: How large must the CEO effect be to rule out chance?; Strategic Management Journal, 35 (2013).

Jenter, D., Kanaan, F.: CEO Turnover and Relative Performance Evaluation; The Journal of Finance, 70 (2014).

Shermer Michael: Surviving statistics: How the survivor bias distorts reality; Scientific American, 311(3) (2014).

Mangel, M., Samaniego, F. C.: Abraham Wald's Work on Aircraft Survivability; Journal of the American Statistical Association, 79 (386) (1984).

Levitt, Steven D., Dubner, Stephen J.: Freakonomics; William Morrow (2005).

Rawls, John: A Theory of Justice; Harvard University Press (1999).

 신비한 이야기 그리고 우연

Jung, Carl; Synchronicity: An Acausal Connecting Principle; Princeton University Press (1973).

De Mirecourt, Eugene: Émile Deschamps; Gustave Havard (1857).

Bethe, Hans: Begegnungen mit Wolfgang Pauli, in: Wolfgang Pauli und die moderne Physik; Katalog zur Sonderausstellung der ETH-Bibliothek (2000).

Pauli, Wolfgang: Wissenschaftlicher Briefwechsel mit Bohr, Einstein, Heisenberg, u.a., Springer (1996).

Enz, Charles P.: No Time to be Brief: A Scientific Biography of Wolfgang Pauli; Oxford University Press (2002).

Hill, Ray: Multiple sudden infant deaths - coincidence or beyond coincidence?. Paediatric and Perinatal Epidemiology, 18 (2004).

Vennemann, M., Fischer, D., Findeisen, M.: Kindstodindzidenz im internationalen Vergleich, Monatsschrift Kinderheilkunde, 151(5) (2003).

세상은 시계의 톱니바퀴처럼 정확할까?

Diaconis, P., Holmes, S., Montgomery, R.: Dynamical Bias in the Coin Toss, SIAM Review, 49(2) (2007).

Wigner, Eugene: The Unreasonable Effectiveness of Mathematics in the Natural Sciences; Communications on Pure and Applied Mathematics, 13(1) (1960).

Tegmark, Max: Our Mathematical Universe; Knopf (2014).

Hirschberger, Johannes: Geschichte der Philosophie; Komet (1949).

Bertsch McGrayne, Sharon: Die Theorie, die nicht sterben wollte; Springer Spektrum (2013).

Laplace, Pierre-Simon: Essai philosophiques sur les probabilités; Courcier (1814).

나비는 아무 잘못이 없다

Gleick, James: Chaos: Making a New Science; Viking Books (1987).

Hayes, Wayne B.: Is the outer Solar System chaotic?; Nature Physics, 3 (2007).

Carlson J., Jaffe A., Wiles A. (Hg.): The Millennium Prize Problems; American Mathematical Society and Clay Mathematics Institute (2006).

Diacu, Florin: The Solution of the n-body Problem, Math. Intelligencer, 18(3) (1996).

Sundman, Karl F.: Mémoire sur le problème des trois corps; Acta Mathematica,

36(1) (1913).

Wang, Qiudong: The global solution of the n-body problem, Celestial Mechanics & Dynamical Astronomy, 50(1) (1991).

Matsumoto, T.: A Chaotic Attractor from Chua's Circuit; IEEE Transactions on Circuits & Systems, CAS-31(12) (1984).

Sussman, Gerald J., Wisdom, Jack: Numerical Evidence that the Motion of Pluto is Chaotic; Science 241 (1988).

Laskar, J., Gastineau, M.: Existence of collisional trajectories of Mercury, Mars and Venus with the Earth; Nature, 459 (2009).

Charpentier, Eric: The Scientific Legacy of Poincare; American Mathematical Society (2010).

Szpiro, George G.: Poincare's Prize: The Hundred-Year Quest to Solve One of Math's Greatest Puzzles; Dutton (2007).

Berry, M. V.: Regular and Irregular Motion; Topics in Nonlinear Mechanics, ed. S Jorna, Am.Inst.Ph.Conf.Proc. 46 (1978).

Stöckmann, Hans-Jürgen: Quantum Chaos: An Introduction; Cambridge University Press (2006).

결국에는 무질서가 승리한다

Heller, K. D.: Ernst Mach: Wegbereiter der Modernen Physik; Springer (1964).

Lambert, Frank L.: Disorder—A Cracked Crutch for Supporting Entropy Discussions; Journal of Chemical Education, 79(2) (2002).

Lukrez: De Rerum Natura, V. 180-181.

Albrecht, A., Sorbo, L.: Can the universe afford inflation?, arXiv:hepth/0405270 (2004).

Carroll, Sean: From Eternity to Here: The Quest for the Ultimate Theory of Time; Dutton (2010).

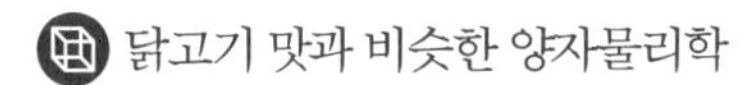

닭고기 맛과 비슷한 양자물리학

Burbidge, E. M., Burbidge, G. R., Fowler, W. A., Hoyle, F.: Synthesis of the Elements in Stars; Reviews of Modern Physics, 29 (1957).

Schrödinger, Erwin: Die gegenwärtige Situation in der Quantenmechanik; die Naturwissenschaften 23 (1935).

Arndt, M., Hornberger, K.; Testing the limits of quantum mechanical superpositions: Nature Physics 10 (2014).

Einstein, A., Podolsky, B., Rosen, N.: Can Quantum-Mechanical Description of Physical Reality Be Considered Complete?; Physical Review 47 (1935).

Gröblacher, Simon et al.: An experimental test of non-local realism; Nature, 446 (2007).

Mermin, David: What's wrong with this pillow?; Physics Today (1989).

Everett H.: "Relative State" Formulation of Quantum Mechanics, Reviews of Modern Physics 29(3) (1957).

Von Weizsäcker, Carl-Friedrich: Aufbau der Physik; Hanser (1985).

Moravec, Hans: Mind Children; Harvard University Press (1988).

Tegmark, Max: The Interpretation of Quantum Mechanics: Many Worlds or Many Words?; arXiv:quant-ph/9709032 (1997).

왜 어떤 사람들은 좋은 아이디어로도 실패하는가

Penrose, Roger: The Emperor's New Mind; Oxford University Press (1989).

Penrose, R., Hameroff, S.: Consciousness in the Universe: Neuroscience, Quantum Space-Time Geometry and Orch OR Theory; Journal of Cosmology, 14 (2011).

Reimers, Jeffrey, et al.: Weak, strong, and coherent regimes of Fröhlich condensation and their applications to terahertz medicine and quantum consciousness, PNAS 106(11) (2009).

Zrzavý, Jan, et al.: Evolution; Springer (2009).

Darwin, Charles: On the Origin of Species; John Murray (1859).

Axelrod, Robert: The Evolution of Cooperation; Basic Books (1984).

Dawkins, Richard: The Selfish Gene, Oxford University Press (1976).

Crick, Francis H. C.: The Origin of the Genetic Code; Journal of Molecular Biology, 38 (1968).

Gould, Stephen J.: Wonderful Life; W W Norton & Co (1989).

Conway Morris, Simon: The Crucible of Creation; Oxford University Press (1998).

Losos, Jonathan B., et al.: Contingency and Determinism in Replicated Adaptive Radiations of Island Lizards, Science, 279 (1998).

Lenski, Richard E.: Evolution in Action: a 50,000-Generation Salute to Charles Darwin; Microbe 6(1) (2011).

Smil, Vaclav: The Earth's Biosphere; MIT-Press (2002).

Ambrose, Stanley H.: Late Pleistocene human population bottlenecks, volcanic winter, and differentiation of modern humans; Journal of Human Evolution, 34 (1998).

Rampino, M. R.; Self, S.: Volcanic winter and accelerated glaciation following the Toba super-eruption; Nature, 359 (1992).

Robock, A., et al.: Did the Toba volcanic eruption of ~74 ka B.P. produce widespread glaciation?; Journal of Geophysical Research, 114 (2009).

Dobzhansky, Theodosius: Nothing in Biology Makes Sense except in the Light of Evolution; The American Biology Teacher (1973).

Hoyle, Fred: The Intelligent Universe; Holt, Rinehart and Winston (1983).

우연에 대처하는 우리의 자세

Gmelch, George: Superstition and Ritual in American Baseball; Elysian Fields Quarterly 11(3) (1992).

Ono, Koichi: Superstitious behavior in humans; Journal of the Experimental Analysis of Behaviour 47(3) (1987).

Skinner, Burrhus F.: Superstition in the Pigeon; Journal of Experimental Psychology, 38 (1948).

Krämer, W., Mackenthun, Gerald: Die Panik-Macher; Piper (2001).

Mossman, B. T.: Asbestos: Scientific Developments and Implications for Public Policy; Science, 247 (1990).

Gigerenzer, Gerd; Risk Savvy: How to Make Good Decisions; Penguin Books (2013).

Gigerenzer, G., Gaissmaier, W.: Ironie des Terrors; Gehirn & Geist, 9 (2006).

Dahlberg, L. L., Ikeda, R. M., Kresnow, M.: Guns in the Home and Risk of a Violent Death in the Home: Findings from a National Study; American Journal of Epidemology, 160(10) (2004).

Schulz, M-A, et al.: Analysing Humanly Generated Random Number Sequences: A Pattern-Based Approach; PLoS ONE7(7) (2012).

Figurska, M., Stanczyk, M., Kulesza, K.: Humans cannot consciously generate random numbers sequences: Polemic study; Medical Hypotheses, 70 (2008).

행운 게임의 법칙

Bass, Thomas A.: The Eudaemonic Pie; Houghton Mifflin (1985).

Kolmogorov, Andrei N.: Three Approaches to the Quantitative Definition of Information; Problems of Information Transmission, 1(1) (1965).

Martin, Robert: The St. Petersburg Paradox; The Stanford Encyclopedia of Philosophy (2004).

알 수 있는 것과 알 수 없는 것

Semmelweis, Ignaz P.: Die Ätiologie, der Begriff und die Prophylaxe des Kindbettfiebers; C. A. Hartleben's Verlags-Expedition (1861).

Carter, K. C., Carter, B. R.: Childbed Fever: A Scientific Biography of Ignaz Semmelweis; Greenwood Press (1994).

Dormandy, Thomas: Four Creators of Modern Medicine: Moments of Truth; Wiley (2003).

Zankl, Heinrich: Kampfhähne der Wissenschaft: Kontroversen und Feindschaften; Wiley-VCH (2012).

Cochrane, A. L.: Effectiveness and Efficiency: Random Reflections on Health Services; Nuffield Provincial Hospitals Trust (1972).

Parapia, Liakat A.: History of bloodletting by phlebotomy; British Journal of Haematology, 143 (2008).

Goldacre, Ben: Bad Science; Fourth Estate (2008).

Sagan, Carl: The Demon-Haunted World: Science as a Candle in the Dark; Random House (1995).

우연과 마술은 어떻게 다른가

Kelsey, Eric: Don't Mess with the Octopus: Oracle Paul Celebrates Perfect World Cup Record; Spiegel Online International, 12. Juli 2010.

Shermer, Michael (Hg.): The Skeptic Encyclopedia of Pseudoscience: Volume One; ABC-CLIO (2002).

Randi, James: The Truth about Uri Geller; Prometheus Books (1982).

Jeffers, Stanley: The PEAR Proposition: Fact or Fallacy?; Skeptical Inquirer, 30.3 (2006).

Pigliucci, Massimo: Nonsense on Stilts: How to Tell Science from Bunk; University of Chicago Press (2010).

Ji, Q., et al.: The earliest known eutherian mammal; Nature 416 (2002).

Guth, Alan H.: Inflationary universe: A possible solution to the horizon and flatness problems; Physical Review D, 23(2) (1981).

Weinberg, Steven: Anthropic Bond on the Cosmological Constant; Physical Review Letters, 59(22); (1987).

Oberhummer, H., Csótó, A., Schlattl, H.: Stellar Production Rates of Carbon and Its Abundance in the Universe; Science, 289 (2000).

플로리안 아이그너 Florian Aigner

양자물리학 이론으로 박사학위를 받은 플로리안 아이그너는 오스트리아의 저명한 과학 저널리스트이자 양자물리학자이다.
〈퓨처존〉(Futurezone.at)을 비롯하여 여러 매체에 과학과 관련된 칼럼을 쓰고 있는 그는 미신이나 신비주의적 주장들을 하나하나 파헤쳐 과학적으로 반박해내는 것이 주특기이다. 많은 독자층을 확보하고 있는 '과학과 미신'(Science and Nonsense)이라는 칼럼이 대표적이다. 인간의 삶이 거대한 행운 게임임을 밝히는 그의 첫 책 『우연은 얼마나 내 삶을 지배하는가』(원제: Der zufall, das universum und du, 우연, 우주 그리고 당신)는 오스트리아 과학부와 오스트리아 북매거진 〈부흐쿨투어〉(Buchkultur)에서 선정한 '2018년 올해의 과학 도서상'을 수상했다.

서유리

국제회의 통역사로 활동하다 얼떨결에 출판 번역에 발을 들인 후 그 오묘한 매력에 빠져 아직도 헤어 나오지 못하고 있다.
옮긴 책으로는 『내 옆에는 왜 이상한 사람이 많을까?』, 『내가 원하는 남자를 만나는 법』, 『공간의 심리학』, 『당신의 과거를 지워드립니다』, 『내 남자 친구의 전 여자 친구』, 『사라진 소녀들』, 『상어의 도시』, 『카라바조의 비밀』, 『독일인의 사랑』, 『월요일의 남자』, 『언니, 부탁해』, 『관찰자』, 『타인은 지옥이다』, 『당신의 완벽한 1년』 등 다수가 있다.

1판 1쇄 발행 | 2018년 4월 13일
1판 4쇄 발행 | 2023년 2월 10일

지은이 | 플로리안 아이그너
옮긴이 | 서유리
발행인 | 김태웅
기획편집 | 박지호
디자인 | design PIN
마케팅 총괄 | 나재승
마케팅 | 서재욱, 오승수
온라인 마케팅 | 김철영, 김도연
인터넷 관리 | 김상규
제 작 | 현대순
총 무 | 윤선미, 안서현, 지이슬
관 리 | 김훈희, 이국희, 김승훈, 최국호

발행처 | (주)동양북스
등 록 | 제2014-000055호
주 소 | 서울시 마포구 동교로22길 14 (04030)
구입 문의 | 전화 (02)337-1737 팩스 (02)334-6624
내용 문의 | 전화 (02)337-1739 이메일 dymg98@naver.com
네이버포스트 | post.naver.com/dymg98
인스타 | @shelter_dybook

ISBN 979-11-5768-382-6 03420